아이의 읽기연습

읽는 **힘**으로 **공부머리**를 키우는

아이의 읽기연습

김성효 지음

21세기북스

전교 꼴찌가 전교 꼴찌에게 말하기를
읽고 쓰면 삶이 바뀐단다

"선생님, 저는 머리가 나빠서 공부 못 해요."

재현이(가명)가 속삭이듯 말했습니다. 6학년인데도 구구단을 7단 이상 못 외우는 재현이, 전교에서 가장 공부 못 하는 아이로 손꼽히는 재현이. 풀이 죽은 재현이 얼굴에 오래 전 제 모습이 겹쳐졌습니다. '네 마음 나는 알아.' 마음속으로 속삭였습니다.

엉뚱하게 들리시겠지만 고등학교 때 제 꿈은 무협지 작가였습니다. 공부 대신 소설책과 무협지만 읽었고, 야간 자율학습 시간에는 선생님 몰래 무협지를 쓰다가 걸려서 야단맞곤 했습니다. 그러다 고2 마지막 모의고사 성적표를 받는 날이 왔습니다. 전교 등수 칸에 찍힌 숫자가 368이었습니다. 전교생이 372명, 시험 기간에 전지훈련 간 양궁부 친구가 넷. 저는 기어이 전교 꼴찌가 되었습니다.

그때 저에게 대학에 갈 수 있다고 말한 사람은 아무도 없었습니다. 심지어 저조차도 그랬습니다. 그랬던 제가 공부하기로 마음을 고쳐먹은 것은 아이러니하게도 대학 입학시험이 그 해 수능으로 바뀌었기 때문입니다. 지문이 갑자기 몇 배로 길어져 많은 수험생들이 당황했지만 읽기를 잘 하는 저에게 수능은 맞춤형 시험이었습니다. 숨 쉬는 시간을 빼면 공부만 하면서 고등학교 마지막 시절을 보냈습니다.

학부모 상담 주간에 재현이 엄마를 만났습니다. 재현이 엄마는 재현이가 공부 머리가 아니니 공부시키지 말라는 부탁 아닌 부탁을 하셨습니다. 단호하게 안 된다고 말씀드렸습니다. 공부를 포기하기에 열세 살은 너무 어리고, 머리가 나빠서 공부를 못 하는 사람은 없으며, 공부를 안 하는 아이는 있어도 못 하는 아이는 없다는 게 이유였습니다.

반에는 재현이 말고도 공부에 자신 없는 아이들이 여럿 있었습니다. 수학은 진즉에 포기한 아이, 뺄셈은 다 틀리는 아이,

구구단 9단을 모르는 아이, 원인은 다양했지만 공부에 자신이 없다는 것은 같았습니다. 아이들이 공부에 마음을 붙이기까지는 특단의 조치가 필요했습니다. 저의 고등학교 때와 같은 방법을 쓰기로 마음먹었습니다. 많이 읽고 많이 쓰기!

결론부터 말하면, 재현이는 학년말 수학시험에서 백점을 맞았습니다. 다른 아이들도 95점, 90점, 85점을 맞았습니다. 제가 모두를 놀라게 하며 이듬해 교대에 합격했던 것처럼 말입니다. 전교 꼴찌가 대학에 가고 엄마조차 공부 머리 아니라고 말리던 재현이가, 평범한 시골학교 6학년 아이들이 보란 듯이 해낸 겁니다.

그즈음 EBS 다큐프라임 〈교사고수전〉을 촬영했습니다. 담당 피디님이 채점을 막 마친 재현이 시험지에 카메라를 들이대면서 물어보셨습니다.

"선생님, 작년까지만 해도 재현이가 공부를 못 했다고 아이들에게 들었습니다. 그런데 어떻게 이런 결과가 나왔지요? 재현이뿐만 아니라 다른 아이들도 선생님 수업에서는 굉장히 똘똘해 보이고 공부하는 걸 행복해하기까지 합니다. 아이들을 이렇게 변화시킨 선생님만의 비법이 있나요."

답을 고민할 것도 없었습니다.

"독서와 공책정리(글쓰기)입니다."

그 해 아이들은 저와 함께 도전 1만쪽 프로젝트를 했습니다. 선생님과 학생들이 읽은 책 쪽수를 더해서 1만 쪽을 넘기는 프로젝트였는데, 우리는 1만 쪽이 아니라 십만 쪽도 훌쩍 넘겨 책을 읽었습니다. 저는 점심시간에 아이들에게 논어를 가르쳤고, 과목별로 공책 정리를 하면서 학습일지를 쓰게 했습니다. 핀란드 수학교과서를 열두 명 모두에게 사줬고, 수학교과서와 함께 가르쳤습니다. 아이들은 다양한 프로젝트 학습을 했고 수시로 1천자 에세이를 썼습니다.

여기서 끝이 아닙니다. 인터뷰에서 말하지 못한 비법이 하나 더 있습니다. '습관'입니다. 아이들은 제가 〈세상을 바꾸는 시간 15분〉에 출연했을 때 소개했던 셀프학습체크리스트를 1년 내내 꾸준히 썼습니다. 좋은 습관을 만들고 시간과 자신을 통제하는 능력을 기르자 아이들은 성과를 내기 시작했습니다. 이 아이들뿐만이 아닙니다. 제가 방송과 책에서 소개한 셀프학습체크리스트는 다양한 버전으로 전국 많은 교실에서 응용됐고 같은 성과를 거두었습니다.

초등 교육은 학습내용이 어렵지 않습니다. 분량도 적습니다. 책 안 읽는 아이와 많이 읽는 아이가 학습에서 그다지 차이 나지 않습니다. 글을 써본 아이와 아닌 아이도 수준이 비슷해 보입니다. 어른들이 보기엔 독서, 글쓰기, 학습습관 같은 진짜 공부는 당장 결과가 눈에 띄는 영어나 수학보다 상대적으로 덜 중요해 보입니다.

문제는 중학교부터입니다. 이때는 초등학교 때처럼 시키는 대로 얌전하게 앉아서 공부하지 않습니다. 엄마와 얼굴 붉히면서 말다툼만 할 뿐입니다. 학습 분량은 많고 내용은 어렵습니다. 과외나 학원에서 몇 시간 떠먹여준 공부만으로는 학교 진도를 따라가기도 벅찹니다. 게다가 중학교에서는 과정중심 수행평가를 합니다. 서울, 경기, 전남, 충남, 전북 등 여러 지역에서 이미 과정중심평가가 뿌리를 내렸습니다. 과정중심 상시형 수행평가, 성장평가, 과정중심평가 등 지역마다 이름은 조금씩 다르지만 수시로 학생들이 얼마나 잘 배우는지 과정을 촘촘하게 보겠다는 핵심은 같습니다.

학생들은 과목마다 관찰, 비평, 토론, 토의, 발표, 보고서, 논술, 에세이를 써야 합니다. 초등학교 때 충분히 읽고 써보지 않았다면 읽기로 시작해서 글쓰기로 끝나는 수행평가는 세상에 다시없는 괴로움입니다. '어휘력이 부족하다, 수업을 잘 못 따라간다, 전에는 공부를 잘했다' 소리가 저절로 나옵니다. 안타

깝지만 이때 가서 책을 읽히거나 글을 쓰게 하면 잘 안 됩니다.

책을 읽을 때 우리 뇌는 복잡한 과제를 동시에 수행해야 합니다. 말하고 듣는 뇌와 달리 읽는 뇌는 타고 나는 게 아닙니다. 글을 잘 읽으려면 시간을 두고 천천히 독서하는 뇌를 만들어야 하지만 뒤늦게 억지로 책을 읽으려니 독서하는 뇌가 아닌 뇌는 독서가 어렵고 싫을 수밖에 없습니다.

글쓰기는 또 어떤가요. 글은 문장 하나, 단어 하나 모두 생각하면서 써야 합니다. 글쓰기도 독서처럼 사고를 단련하는 일이기 때문에 기본부터 차근차근 다져두지 않으면 잘 쓰고 싶어도 잘 쓸 수가 없습니다. 결국 이 모든 것은 언어능력 발달이 절정을 이루고 훗날의 습관을 만드는 초등학교 때 익혀야 하는 일입니다.

대한민국에서 태어난 아이들은 공부 잘해서 훌륭한 사람 되라는 소리를 자라는 동안 수만 번은 듣습니다. 그런데 정작 왜 공부해야 하는지 물어보면 제대로 답하는 아이가 드뭅니다. 대부분은 어떻게 공부해야 하는지도 잘 모릅니다. 그저 학원 다니면서 문제집 많이 풀고 열심히 외우면 되는 줄 압니다. 주변에선 좋은 대학 가려면 공부하기 싫어도 참고 견디라면서, 나중을 위해 지금 행복과 맞바꾸는 것이 공부라고 말합니다. '공부=싫은 것' 공식이 저절로 아이들 머리에 박힙니다.

그러나 이것은 공부를 도구로 아는 사람들이 하는 이야기입니다. 공부를 진짜로 잘하는 아이들은 공부가 도구가 아닌 목적이고 삶 자체라는 것을 압니다. 이 아이들은 왜 공부해야 하는지 알고, 어떻게 공부해야 하는지도 압니다. 공부가 생각보다 재미있다는 것을 깨닫고 희열마저 느끼면서 공부합니다. 이들이 하는 재미있는 공부에는 읽고 쓰는 것이 능숙하다는 전제가 깔려 있습니다.

세상 모든 지식은 언어로 표현돼있습니다. 아이들이 배워야 할 내용을 단계별로 잘 추려서 정리한 것이 교과서입니다. 시험은 교과서라는 책을 얼마나 잘 이해하는지 묻습니다. '그림으로 그려봐라, 넷 중에 맞는 것을 하나 골라라, 길게 설명해라, 왜 그런지 써봐라' 묻는 방식은 달라도 본질은 "얼마나 잘 읽고 쓰니?"입니다. 읽고 쓰는 일에 자신이 붙으면 공부가 쉽고 재미있어집니다. 〈다큐프라임〉 인터뷰 때 저희 반 아이들도 입을 모아 "공부가 재미있어졌어요."라고 말했습니다.

진짜 공부는 성급하지 않습니다. 오늘 책 몇 권 읽고 내일 시험 잘 보기를 기대하지 않습니다. 글쓰기 연습 몇 번으로 글을 술술 쓰기를 바라지도 않습니다. 천천히 생각하는 근육을 키워 갈 뿐입니다. 그러나 이 꾸준한 노력은 어디 가지 않습니다. 본격적으로 공부해야 할 때 공부하는 힘을 밑바닥에서부터 끌어 올려줄 것입니다.

저는 책 좋아하는 엄마, 글 쓰는 선생입니다. 저는 독서와 글쓰기의 힘을 톡톡히 보면서 삽니다. 이 책에 제가 평생 배우고 익힌 독서와 글쓰기, 좋은 습관으로 만드는 공부의 힘을 담았습니다. 지난 십수 년 마흔 권의 단행본을 펴낸 작가이자 29년 동안 공교육에 몸담아온 교육자로서 제가 배우고 가르쳐온 것들을 아낌없이 이야기했습니다.

잘 읽고 잘 쓰는 아이는 천하무적입니다. 늘 강조하고 또 강조하지만, 정말 그렇습니다. 잘 읽기에서 시작한 공부가 잘 쓰는(표현하는) 것으로 이어진다는 것을 부디 놓치지 않으시길 바랍니다.

이 책에서는 아이의 독서능력 발달단계에서 부모들이 하게 되는 고민과 답을 다루었습니다. 아이의 독서능력은 매우 섬세하게 발달합니다. 아이는 수없이 많은 어휘를 듣고 배우다가 글자를 깨치고 단어와 의미를 연결시키는 문해력 단계를 거쳐 문장과 덩이말을 이해하는 독해력 단계로 나아갑니다. 이 과정에서 아이들은 숙련되고 유창한 독서가로 자라납니다.

'왜 글자를 아는데 책을 읽어달라고 할까, 그림책을 어떻게 읽어줘야 할까, 고전이 좋다는데 어떻게 읽히지, 다독이 정독보다 좋을까, 유창하게 읽으면 무엇이 좋을까' 등 부모라면 누구나 하는 고민과 답을 찾고자 애썼습니다. 솔직하게 말씀드리면 자녀들이 어렸을 때 이런 내용을 알았다면 그렇게 많은 시행착오는 안 했을 텐데 싶습니다. 수많은 참고 서적과 논문들을 읽으면서 한 걸음씩 걸어왔습니다. 앞에서 훌륭한 연구로 이끌어주신 연구자들께 진심으로 감사합니다.

읽기의 힘 못지않게 중요한 것이 쓰기의 힘입니다. 결국 내가 아는 것을 어떤 방식으로 표현하고 활용할 것이냐는 앞으로 AI와 살아갈 우리 아이들의 미래를 결정지을 것입니다. 아이의 읽기 연습을 충분히 이해하고 나면 자연스레 아이의 쓰기 연습을 고민하게 되실 겁니다.

독서와 글쓰기는 정말로 힘이 셉니다. 우리가 아는 어떤 교육보다 강력합니다. 책을 읽으면 인간의 두뇌는 진화합니다. 글을 쓰면 인간의 언어사용능력은 비약적으로 발전합니다. 인간은 언어로 사고하고 언어로 표현하고 언어로 살아갑니다. 책을 읽고 글을 쓰면서 논리적인 사고체계를 익힌 아이와 그렇지 않은 아이의 삶은 질적으로 다를 수밖에 없습니다. 읽고 쓰면 삶이 바뀌는 것이죠.

　이 책이 독서교육을 고민하고 자녀에게 글쓰기를 가르치고 싶어 하는 많은 부모들과 교사들에게 귀한 나눔이 되길, 그래서 세상을 이롭게 하길, 간절한 마음으로 기도합니다. 고맙습니다.

2026년 봄을 기다리며

김성효 씀

1 읽기, 제대로 알고 시작하자

2 독서 수준별 솔루션 1단계
글자 읽기

3 독서 수준별 솔루션 2단계
읽기 이해력 기르기

1장

읽기, 제대로 알고 시작하자

01

대한민국은
책을 얼마나 읽을까

해마다 문화체육관광부에서 국민 독서 실태를 조사합니다. 2023년 한 해 대한민국 성인은 평균 3.9권을 읽었습니다[1]. 연간 종합독서율은 43%였고요. 여기서 말하는 연간 종합독서율은 교과서나 참고서, 수험서, 잡지, 만화를 제외한 일반 도서를 1권 이상 읽거나 들은 사람을 말하는 것입니다. 2017년의 8.3권에서 불과 6년 만에 절반 이하로 뚝 떨어진 수치입니다. 참고로 이는 1994년 조사를 시작한 이후 가장 낮은 수치입니다.

반면 초중고 학생의 종합독서율은 95.8%, 연간 종합독서량은 36권으로 코로나 이후 오히려 늘어났습니다. 특히 초등학생 독서율은 99.8%로 거의 모든 아이가 책을 읽고 있습니다. 물론 아이들이 책을 읽는 건 잘된 일이긴 하나, 책을 안 읽는 이유를

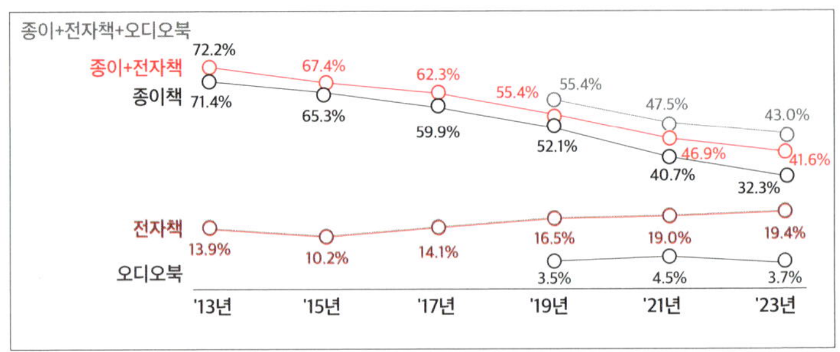

'2023 국민독서실태조사' 기준 최근 10년간 성인 매체별 독서율 추이 그래프

살펴보면 또 다른 생각이 드실 겁니다.

학생들이 책을 읽는 가장 큰 이유로 꼽은 것은 학업에 필요해서(29.4%)였습니다. 재미있어서 읽는 경우는 27.3%로 2위였고요. 학생들이 학업에 필요해서 책을 읽는다는 건 바꿔 말하면 성인이 되면 책을 안 읽게 된다는 뜻이기도 합니다.

안 읽는 이유도 들여다볼까요. 성인은 일 때문에 시간이 없어서가 33.3%, 책 이외의 매체를 이용해서가 29.0%입니다. 유튜브나 인스타그램 같은 온갖 다양한 SNS 매체들의 영향을 여실히 보여주는 결과입니다. 학생들도 비슷했습니다. 특히 학생들 가운데 책 읽기가 재미없어서 안 읽는다고 응답한 경우는 21.3%입니다. 책 읽기가 습관이 되어 있지 않다는 걸 보여주는 결과입니다.

교육부와 국가평생교육진흥원이 발표한 제4차 성인 문해능

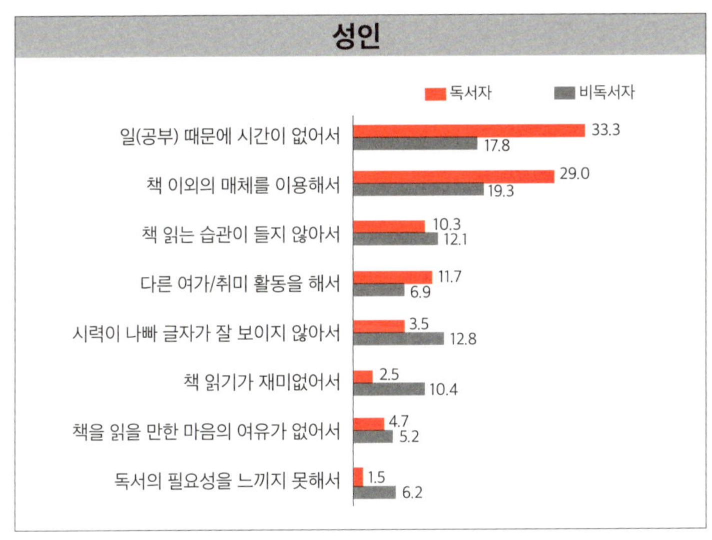

성인
독서자
비독서자
일(공부) 때문에 시간이 없어서
33.3
17.8
책 이외의 매체를 이용해서
29.0
19.3
책 읽는 습관이 들지 않아서
10.3
12.1
다른 여가/취미 활동을 해서
11.7
6.9
시력이 나빠 글자가 잘 보이지 않아서
3.5
12.8
책 읽기가 재미없어서
2.5
10.4
책을 읽을 만한 마음의 여유가 없어서
4.7
5.2
독서의 필요성을 느끼지 못해서
1.5
6.2

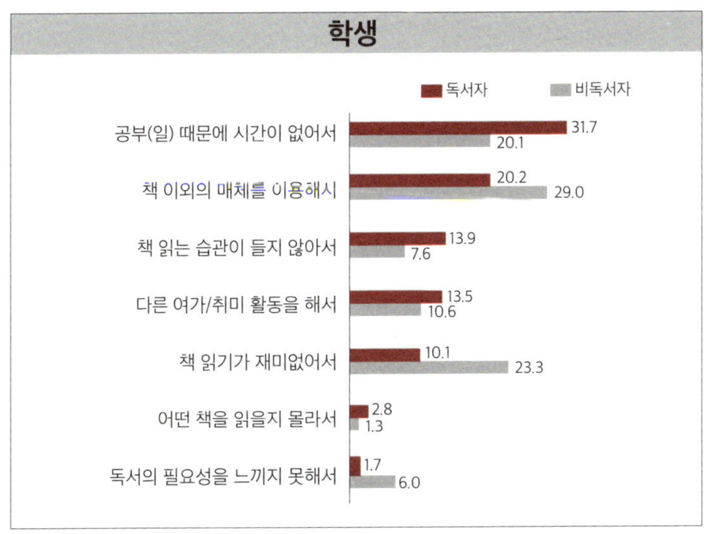

학생
독서자
비독서자
공부(일) 때문에 시간이 없어서
31.7
20.1
책 이외의 매체를 이용해서
20.2
29.0
책 읽는 습관이 들지 않아서
13.9
7.6
다른 여가/취미 활동을 해서
13.5
10.6
책 읽기가 재미없어서
10.1
23.3
어떤 책을 읽을지 몰라서
2.8
1.3
독서의 필요성을 느끼지 못해서
1.7
6.0

력 조사 결과에 따르면, 우리나라 성인 가운데 기본적인 읽기와 쓰기, 셈하기에 어려움을 겪는 문해능력 1수준 성인은 3.3%였습니다[2].

여기서 문해력은 크게 4단계로 분류합니다.

문해능력 수준 1. 초등학교 1~2학년 학습이 필요한 단계,
일상생활에 필요한 기본적인 읽기, 쓰기,
셈하기가 불가능함 3.3%(146만 명)

문해능력 수준 2. 초등학교 3~6학년 수준 학습이 필요한 단계.
5.2%(231만 명)

문해능력 수준 3. 중학교 1~3학년 학습이 필요한 단계.
8.1%(358만 명)

문해능력 수준 4. 일상에 필요한 충분한 문해력을 갖춘
중학생 이상의 수준 83.4%(3688.7만 명)

중학교 1학년 이하 수준의 문해력을 가진 성인은 무려 735만 명입니다. 우리나라 성인 6명 중 1명에 해당하는 수치입니다. 게다가 초등 1학년 수준의 문해력을 보이는 성인이 146만 명이라는 것은 가히 충격적이지요. 실제로 어떤 어린이집 교사

가 '우천 시 장소를 변경한다'고 공지를 올렸더니, 학부모가 '우천시가 어느 도시냐'라고 질문했다고 하지요.

한국 성인들의 문해력이 떨어지는 이유는 간단합니다. 책을 읽지 않기 때문입니다. 많은 이가 문해력을 단순히 글자를 읽을 줄 알면 되는 정도로 쉽게 생각합니다. 마치 수영처럼 한 번 글자를 읽게 되면 문해력도 계속해서 유지되는 걸로 여기지만, 문해력은 그리 간단하지 않습니다. 책을 읽지 않으면 그 순간부터 문해력은 떨어지기 시작합니다.

국가별 성인 문해력 평균 점수는 2022년 기준으로 핀란드가 296점, OECD 평균은 260점, 한국은 249점이었습니다. 이렇게 가다가는 우리 사회가 지적 수준이 OECD 평균 이하인 성인으로 가득 차는 것은 시간문제일 겁니다.

아이들에게 독서교육을 말하기 전에 우리 어른이 먼저 책을 읽어야 할 때입니다. 한강 작가가 노벨문학상을 받은 2024년 성인 연간 독서량은 고작 3.9권으로 역대 최저였습니다. 반면 한국인의 음주량은 여전히 세계 최상위권으로, 2022년 기준 1인당 연간 순수 알코올 소비량은 8.36리터이며, 소주 소비량 기준으로는 세계 1위 수준이랍니다. 이제부터라도 술 권하는 사회가 아닌, 아이들과 함께 책 읽는 대한민국을 만들어가면 어떨까요?

책 좋아하는 아이로 키우고 싶다면 함께 읽으세요

수영이(가명)는 온갖 토론대회에서 상을 휩쓸었습니다. 수업 시간에도 몹시 똑똑해 보였습니다. 수영이에게 비결을 물었습니다.

"집에서 책을 많이 읽니?"

"아니요."

당연히 많이 읽는다고 말할 줄 알았는데, 뜻밖에도 답은 '아니요'였습니다.

"많이 읽지는 않는데, 엄마, 아빠, 언니랑 같은 책을 읽고 일주일에 한 번씩 책으로 토론해요."

나중에 수영이 엄마에게 자세한 이야기를 들었습니다. 수영이네는 '우리 집 BOOK DAY'를 일주일에 한 번씩 연다고 했습니다. 수영이가 어릴 때부터 책을 한 권 정해서 일주일 동안 가족이 돌아가면서 읽고 주말 저녁에 느낀 점을 자유롭게 이야기 나누었다는 겁니다.

수도꼭지에서 물이 한 방울씩만 떨어져도 언젠가는 욕조를 가득 채우고 흘러넘칩니다. 독서도 똑같습니다. 오랜 관심과 노력만이 책을 좋아하는 아이로 만들어줍니다. 가정에서 아이와 함께 책을 읽는 방법을 소개합니다.

📕 매일 일정한 시간에 모여서 함께 독서하기

"얘들아, 독서 시간이야!" 이 말이 자연스럽게 나오는 집을 만들어보세요. 저녁 식사 후 30분, 혹은 잠자리에 들기 전 20분처럼 온 가족이 지킬 수 있는 시간을 정하고, 꾸준히 지켜보세요.

처음에는 10분도 괜찮습니다. 각자 읽고 싶은 책을 들고 한자리에 모이는 것만으로 충분합니다.

아이는 부모가 책 읽는 모습을 보면서 독서를 숙제가 아닌 일상으로 받아들이게 됩니다. "엄마는 왜 책 안 읽어?" 아이가 먼저 물어보는 날이 반드시 온답니다.

📖 같은 책 읽고 일주일에 한 번 이야기 나누기

일주일에 한 번이라도 저녁 식사 자리에서 이렇게 이야기를 시작해보세요.

"이번 주 우리 가족 책에서 가장 기억에 남았던 장면이 뭔지 이야기해보자."

거창하게 준비할 필요 없습니다. 같은 책을 읽어도 아빠가 기억하는 장면, 아이가 기억하는 장면이 전혀 달라서 자연스레 독서 토론이 됩니다.

독서로 시작한 이야기가 부모가 아이의 속마음을 들여다보고, 아이는 부모의 가치관을 이해하게 되는 기회가 만들어집니다. 독서가 가족의 마음을 이어주고, 관계를 따뜻하게 만들어주는 다리가 되는 것이지요.

📖 가족이 각각 책의 주인공이 되어 입장 대변하기

함께 책을 읽고 나서 주인공이 되어 보세요.

"우리 역할 나눠볼까? 아빠는 주인공 할게. 누가 악당 할래?"

처음에는 웃음부터 나옵니다. 어설프고 말이 안 되는 소리도 하겠지만, 그래도 괜찮습니다.

"나는 피터팬에 나오는 후크 선장이야. 나도 처음부터 악당이 되려던 건 아니었어. 내가 그럴 수밖에 없었던 건 피터팬 때문에 악어가 내 팔을 먹어버렸기 때문이야. 내 말도 좀 들어줘."

단순히 책 내용을 확인하는 것에서 그치지 않습니다. 내가 아닌 다른 사람의 입장에서 생각해 보는 연습입니다.

📖 우리 가족 릴레이 독서하기

같은 책 한 권을 가족이 돌아가며 읽습니다. 아빠가 먼저 읽은 다음, 엄마에게 주고, 그 다음 언니에게, 동생에게 주는 식입니다. 또는 엄마가 1장을 읽고 아빠에게 넘기고, 아빠가 2장을 읽고 아이에게 넘깁니다.

책을 넘겨줄 때 한마디를 덧붙여보면 좋습니다.

"다음 이야기는 어떻게 되게? 맞춰봐."

아이는 다음 차례가 오기 전부터 이야기가 궁금해집니다.

소리 내어 읽어도 좋고, 각자 조용히 읽고 넘겨도 좋습니다. 책 한 권이 가족의 손을 모두 거쳐 완성될 때, 그 책은 단순한 책이 아니라 가족의 공동 언어, 공동 경험이 됩니다.

📖 우리 집 북카페 운영하기

거실 한쪽에 작은 공간을 만들어보세요. 책꽂이 하나, 편한 쿠션, 따뜻한 조명만 있어도 충분합니다.

주말 오전, 가족이 각자 좋아하는 음료를 들고 그 공간에 모입니다.

"우리 오늘은 북카페 해보자."

한 마디가 아이에겐 북카페가 열리는 특별한 신호가 됩니다. 카페에 가면 왠지 책이 더 잘 읽히듯, 공간이 달라지면 마음가짐도 달라집니다. 꼭 멋지게 꾸미지 않아도 아이와 함께 하는 독서만으로도 행복한 시간을 만들어줍니다.

📕 우리 가족이 함께 찾은 이 책의 황금 문장 소개하기

책을 읽으면서 마음에 와닿는 문장을 만나면 포스트잇에 적습니다.

<우리 가족 책 이야기 나누는 날>에 가족 모두가 각자 고른 문장을 소리 내어 읽어봅니다.

이왕이면 "나는 이 문장이 좋았어. 왜냐하면…"처럼 이유까지 같이 말해보게 합니다. 같은 책을 읽어도 아이와 부모가 전혀 다른 문장을 고릅니다. 이 활동은 저도 아이가 어릴 때 자주 했는데, 아이와 같은 문장을 고를 때보다 아닐 때가 많았습니다. 가치관이 다르고, 경험치가 다르기 때문이죠. 이런 경험을 통해서 아이와 부모는 더욱 친밀한 마음을 가질 수 있고, 독서가 일상이 되는 삶을 살아갈 수 있습니다.

📕 작은 보드판을 걸어두고 가족 독서활동을 기록하기

냉장고 옆이나 거실 한쪽에 작은 화이트보드를 하나 걸어두세요.

오늘 읽은 책 제목, 인상 깊은 문장, 별점을 포스트잇에 적어 붙입니다.

아이가 그림을 그려도 좋고, 책 속의 짧은 문장으로 책갈피를 만들어도 좋고, "윤아가 강력 추천해요" 같은 멘트를 한 줄 써서 붙여도 좋겠지요.

한 달이 지나면 보드판을 사진으로 찍어둡니다. 3개월, 6개월, 1년처럼 독서에 대한 즐거운 추억을 차곡차곡 쌓을 수 있습니다.

02

어떤 위인은 춤추는
글자를 읽어야 했다

아인슈타인, 처칠, 레오나르도 다 빈치, 에디슨, 피카소……. 우리가 흔히 위인이라고 부르는 업적을 남긴 사람들입니다. 이들에게는 인류를 위한 공헌을 했다는 것 말고도 공통점이 하나 더 있습니다. 이들 모두 난독증(Dyslexia)을 앓았고 극복했다는 것입니다. 난독증은 지능, 시각, 청각 모두 문제가 없음에도 글자를 읽고 이해하는 데 어려움이 있는 증세를 말합니다.

위인들이 난독증을 앓았다는 것이 놀라우신가요? 학자들은 전체 인구의 15~20%가 난독증일 것이라고 봅니다. 한글은 쉽고 과학적인 글자이기 때문에 난독증 비율이 낮을 걸로 예상하는 이가 많지만 전문가들은 조사가 제대로 이루어지지 않아서 그렇지 한국도 난독증 학생 비율이 다른 나라와 비슷할 거라고 말합니다.

난독증은 체계적이고 섬세하게 지도해야 합니다. 난독증이 있는 아이에게 무턱대고 책을 많이 읽도록 강요하거나 때 되면 알아서 글자를 깨치겠지 하면서 내버려두면 아이 혼자 난독증을 극복하기 어렵습니다.

난독증 학생은 다른 아이들은 쉽게 해내는 일도 어려워하고 과제를 수행하는 데에도 시간이 오래 걸립니다. 교사나 부모가 '이건 이렇게 하고 저건 저렇게 해서 언제까지 가지고 와'처럼 복잡하게 지시하면 이해하기 어렵습니다. 단추 잠그기, 신발 끈 묶기 같은 다른 아이에겐 간단한 동작도 난독증 학생에겐 어려운 일입니다.

전에 난독증이 있는 2학년 지형이(가명)를 담임했던 적이 있습니다. 지형이는 머리가 항상 헝클어져 있고, 단추를 잠글 줄 몰랐습니다. 책상과 사물함은 폭탄이라도 맞은 듯 지저분했고 수업 시간에는 멍하니 딴 생각에 빠져 있었습니다. ㅁ과 ㄷ을 헷갈려 했고, 숫자 6과 9를 바꿔 쓰곤 했습니다. 친구들은 지형이랑 같은 모둠이 되길 꺼려 했습니다. 학습 부진인줄 알았던 지형이는 사실은 난독증 학생이었습니다.

다음은 정신과 의사들이 말하는 난독증 아이의 행동 특징입니다.

난독증 아이의 행동 특징

- 비슷한 발음을 구별하기 어렵다.
- 긴 이름으로 된 단어를 말하거나 쓰기 어렵다.
- 단어를 정확하게 읽기 어렵다.

예 스파게티를 파스게티처럼 읽는다.

- 과제를 순서대로 기억하지 못 한다.

예 방에 가서 물병을 가지고 와서 꽃을 꽂아 식탁에 두렴
방에 간다 - 물병을 들고 나온다 - 꽃을 꽂는다 - 식탁에 놓는다
네 가지 행동과제를 한 번에 지시하면 순서대로 수행하기 어렵다.

- 받아쓰기가 어렵다.
- 정리정돈이 잘 안 된다.
- 읽거나 듣고 요약하기가 어렵다.
- 책을 읽고 이해하기 어렵다.
- 동작이 굼뜨고 생각이 느리다.
- 운동순서를 혼동한다.

- 적절한 단어를 떠올리지 못 한다.

학자들은 난독증 있는 학생들이 학습에 크게 어려움을 겪지만 대개는 똑똑하고 능력이 있다고 말합니다. 정리정돈이나 정확한 의사표현은 어려울지 몰라도 난독증 학생은 앞에서 말한 여러 위인들처럼 직관적 사고, 고급 수학, 기하학, 디자인, 건축 등 여러 분야에서 뛰어난 능력을 보입니다.

학교와 가정에서는 난독증 학생을 어떻게 도울지 많이 고민하고 세심하게 배려해야 합니다. 난독증을 잘 모르는 교사가 없도록 연수하고, 학부모에게도 자녀가 난독증인지 알 수 있도록 자세하게 안내해야 합니다. 무엇보다 아이 스스로 자신을 형편없는 아이라고 낮추어 생각하지 않도록 다양하게 지도해야 합니다.

다음은 한국학습장애학회에서 학자들이 개발한 난독증 특성 체크리스트입니다. 전문가용 체크리스트이므로 해당 문항에 모두 그렇다고 응답하거나 그렇다는 응답의 비율이 높을 때는 전문가에게 상담 받아볼 것을 추천합니다.

난독증 특성 체크리스트[3]

문항	아니다	약간 그렇다	그렇다
1. 지능은 정상(지적 장애가 없고, 학습 이외 활동이 또래와 비슷함)으로 보이나, 읽기/쓰기(철자)를 또래 학년 수준만큼 잘 하지 못 한다.			
2. 지능이 정상으로 문제를 읽어주면 잘 하나, 혼자 읽고 문제를 푸는 것은 잘 하지 못 한다.			
3. 들은 내용을 즉시 전달하거나 자신의 말로 바꾸어 말하는 데 어려움이 있다.(예 말 전하기 등)			
4. 말을 할 때 단어를 잘못 발음하거나 음절, 단어, 구의 순서를 바꾸어 말한다. (예 : 로그인-그로인, 노점상-점노상 등)			
5. 말을 할 때 많이 머뭇거리거나 적절한 단어를 찾지 못 한다. (예 음, 아, 저기, 등의 잦은 사용)			
6. 특정 받침 발음에 문제를 보인다. (예 : 밝아를 박아로 말함)			
7. 구어적 지시를 이해하는 데 어려움이 있다.			
8. 읽을 때 단어에서 글자를 빠뜨리거나 첨가하여 읽는다.			
9. 여러 음절로 이루어진 단어, 낯설고 복잡한 단어들을 발음하는 데 어려움이 있다. (예 : 콘 푸로스트-콘 프로로 읽거나 복합명사인 켄터키 후라이드 치킨 등을 발음하기 어려움)			
10. 글자에서 낱자와 소리 간의 관계를 모른다. (예 : 가에서 'ㄱ' 소리가 '그', 'ㅏ'를 '아'로 소리 내는 것을 모른다.)			
11. 단어들을 소리나는 대로 읽지 못 한다.(예 : 값이를 '갑시'로 국물을 '궁물' 등 소리나는대로 읽지 못 하고 값이를 '갑이'로, 국물을 '국물' 등 글자 그대로 발음한다.)			
12. 단어를 쓸 때 글자를 생략, 대체, 첨가, 중복, 또는 순서를 바꿔쓴다.			

문항	아니다	약간 그렇다	그렇다
13. 단어 내에서 소리의 조합, 대치 및 분리에 문제를 보인다. (조합 : ㅋ+ㅗ+ㅇ=콩, 대치 : 가지에서 ㄱ 대신 ㅂ을 넣을 때 바지, 분리 : 차가 ㅊ+ㅏ로 된다는 것 등을 모른다.)			
14. 같은 소리로 시작하거나 끝나는 단어를 잘 찾지 못 한다. (예 : '리'자로 끝나는 말은?)			
15. 글을 읽기 위한 음운(자음과 모음)인식에 문제가 있다.			
16. 또래에 비해 글을 소리 내어 유창하게 읽지 못 한다.			
17. 짧은 단락(문단)을 읽고 이해하지 못 한다.			
18. 국어 성적이 아주 낮다.			
19. 새로운 어휘를 배우고 기억하는 데 어려움이 있다. (예: 무령왕 릉처럼 어려운 단어를 배우고 기억하는 데 어려움이 있음)			
20. 흔히 보는 어휘들을 빨리 파악하지 못 한다. (예: 당기시오, 미시오, 계단주의, 우측통행 등)			
21. 좌우, 상하 등 방향 감각 및 공간 지각에 어려움이 있다.			
22. 책을 읽을 때 어지러움, 두통, 배 아픔 등을 호소한다.			
23. 읽는 것을 꺼려하고 어려워하거나 공포를 나타낸다.			
24. 책을 잘(많이) 읽을 수가 없어서 또래에 비해 배경지식이 부족 한 것 같다.			
25. 듣기 이해력이 읽기 이해력보다 더 나은 것 같다.			
26. 가족 중에 읽기 학습이 어려웠던(난독증) 사람이 있다.			
27. 음악, 미술, 연기/연극, 스포츠, 조작 활동 등 한 영역 이상 에 소질이 있어 보인다.			

요즘 교실에서는 난독증과는 또 다른 읽기의 어려움을 겪는 아이들이 늘고 있습니다. 글자를 소리 내서 읽을 수는 있는데, 읽고 나서도 무슨 내용인지 모르는 아이들입니다. '틀린 글자 없이 유창하게 읽었는데, 무슨 이야기였냐'라고 물으면 대답을 못 합니다.

이것은 아이들만의 문제가 아닙니다. 어른들도 마찬가지입니다. 우리는 지금 하루에도 수백 개의 글을 스크롤하며 지나칩니다. 긴 글은 읽기 전에 먼저 스크롤을 내려 길이를 확인하고, 제목과 굵은 글씨, 마지막 줄만 훑습니다. 이른바 전문가들이 이야기하는 F자형 읽기입니다. 위에서 아래로 훑다가 흥미로운 부분만 잠깐 멈추는 방식입니다. 눈은 움직이지만, 생각은 멈춰 있는 읽기입니다.

디지털 환경은 이렇듯 우리의 읽기 방식을 확연히 바꿔놓았습니다. 짧고 자극적인 정보에 익숙해진 뇌는 길고 천천히 읽어야 하는 글 앞에서 쉽게 지루함을 느낍니다. 문장과 문장 사이의 맥락을 연결하고, 행간의 의미를 파악하고, 읽은 내용을 자신의 경험과 연결 짓는 능력이 약해지고 있습니다. 깊이 읽기(Deep Reading)를 어려워하는 아이들과 어른들의 문제는 곧 여기저기에서 모습을 드러낼 것입니다.

신경과학자 매리앤 울프(Maryanne Wolf)는 저서 『다시, 책으로』에서 디지털 읽기에 익숙해진 뇌는 깊이 읽기 능력 자체가 퇴화할 수 있다고 경고합니다. 깊이 읽기는 단순히 정보를 받아들이는 것이 아니라, 비판적으로 사고하고 공감하며 새로운 생각을 만들어내는 뇌의 활동입니다.

깊이 읽기는 생각하는 힘입니다. 그렇다면 어떻게 해야 생각하는 힘을 길러주는 깊이 읽기를 할 수 있을까요. 깊이 읽기를 위한 작은 습관들을 몇 가지 소개합니다.

종이책으로 읽기

화면보다 종이에서 집중력이 높아집니다. 밑줄을 긋고 여백에 메모하는 행위 자체가 이해를 깊게 만듭니다.

읽고 나서 한 줄 쓰기

"이 글에서 가장 기억에 남는 문장은?" 딱 한 줄만 써도 읽기가 생각으로 이어집니다.

소리 내어 읽기

아이에게만 권하는 방법이 아닙니다. 소리 내어 읽으면 스크롤을 내릴 수 없습니다. 속도를 늦추고 문장을 온전히 받아들이게 됩니다.

읽다가 멈추기

"지금까지 읽은 내용을 한 문장으로 말하면?" 스스로 묻고 답하며 읽으면 이해가 달라집니다.

30분 오프라인 읽기

하루 중 휴대전화의 모든 알림을 끄고 책만 읽는 30분을 만드세요. 어른이 먼저 실천하는 이 30분이 아이에게는 가장 강력한 독서 교육입니다.

읽기는 타고나는 능력이 아닙니다. 훈련으로 만들어지고, 환경으로 유지됩니다. 난독증 아이에게 세심한 지도가 필요하듯, 깊이 읽기를 잃어가는 우리 모두에게도 의식적인 연습이 필요합니다.

난독증 아이를
어떻게 도울 수 있을까

난독증을 잘 모르는 분은 인도 영화 〈지상의 별처럼〉을 먼저 보세요. 난독증 아이가 주인공인 영화입니다. 영화에서 난독증을 앓는 주인공 이샨에게 미술 선생님 람샤브가 숫자와 글자를 가르쳤던 방법을 추렸습니다. 글자와 숫자를 배우는 학습초기 단계 아이들에게도 유익하니 다양하게 응용해보세요.

1. 구술 평가하기

난독증인 아이는 머리로는 이해해도 글로 쓰려면 무척 어렵습니다. 이런 경우 구술평가로 대체하는 게 좋습니다. 받아쓰기처럼 정교한 철자 쓰기 대신 문장을 따라서 해보거나 생각을 말로 자유롭게 표현하게 하세요.

2. 질문은 하나씩 하기

'그림을 보면 전깃줄에 참새가 앉았는데, 다섯 마리가 앉아 있다가 세 마리가 날아갔어. 몇 마리가 남았니?'처럼 물어보면 난독증 아이는 무슨 말인지 이해하기 어렵습니다. 질문할 때는 하나 묻고 하나 답하는 식이어야 합니다.

1 : 엄마랑 같이 그림 볼까?

2 : 이게 무슨 그림이니?

3 : 전깃줄에 참새가 몇 마리 앉았니?

4 : 몇 마리가 날아갔니?

5 : 엄마랑 같이 세어볼까?

6 : 몇 마리 남았니?

난독증 아이는 모양이 비슷한 6, 9, 8 등은 헷갈려 합니다. 이럴 때 모눈을 이용하면 숫자를 직관적으로 이해하기 쉽습니다.

① 스케치북 한 장을 꽉 채울 만큼 커다랗게 모눈(4×4)을 그립니다. 모눈에 숫자를 큼직하게 크레파스나 분필로 몇 번이고 써보게 하세요.

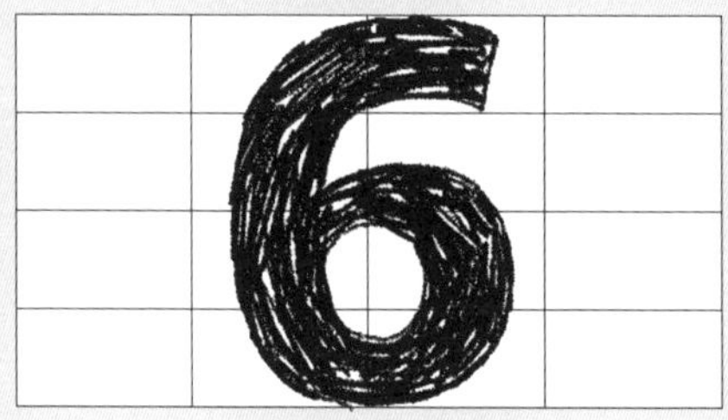

② B4 크기 용지에 모눈(3×3)을 그립니다. 몇 번이고 잘 할 때까지 숫자를 그려보게 하세요.

③ 용지를 A4 크기로 줄입니다. 작아진 모눈에 숫자를 써보게 합니다.

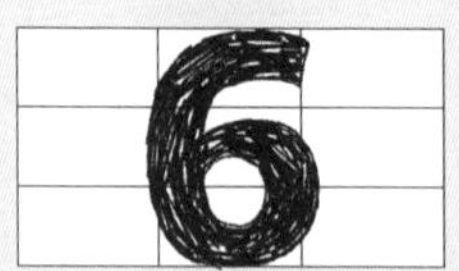

④ 모눈을 작은 칸 하나만 남깁니다. 작은 칸에 숫자를 잘 쓰면 다음 숫자로 넘어갑니다.

6

📖 4. 헷갈리는 글자 익히기

난독증 학생은 글자 모양이 비슷하면 헷갈려 합니다. ㄱ과 ㄴ, ㄹ과 ㄷ, ㅅ과 ㅈ처럼 모양이 비슷한 글자는 눈으로 외우기보다 손과 냄새, 촉감으로 익히는 게 좋습니다. 다양한 방법과 재료를 이용하세요.

- 모래놀이 판에 손가락으로 글자 쓰기
- 점토로 글자 만들기
- 물감으로 글자 쓰기

난독증 아이가 자주 헷갈리는 ㄱ은 파란 색, ㄴ은 빨간 색처럼 전혀 다른 색으로 글자를 쓰게 합니다. 이 방법은 모양은 비슷해도 두 글자가 다르다는 것을 아이가 직관적으로 깨닫게 합니다.

📖 5. 글자를 정확하게 소리 내기

글자는 반드시 큰 소리로 읽게 하세요. 더듬거리면서 읽을 때는 천천히 시범독을 하고 따라 읽게 합니다. 소리 내서 읽는 것은 난독증 지도에서 가장 중요한 부분이기도 합니다. 글자와 소리가 서로 연결되는 관계를 이해하는 음운 인식력 부족은 난독증의 중요한 원인 가운데 하나로 꼽힙니다.[4]

03

책을 읽으면
우리 뇌가 진화한다

아이가 말을 배우는 과정은 참으로 신비합니다. 무의미한 옹알이가 말이 되고 문장이 되고 어느새 어른처럼 자연스럽게 말합니다. 인간이 언어를 배우는 뇌를 가졌기 때문입니다.

듣는 뇌(베르니케 영역)는 태아 때부터 발달합니다. 독일 신경정신과 의사 칼 베르니케(Carl Wernicke)가 발견한 베르니케 영역은 뇌 좌반구에서 청각 피질과 시각 피질에서 전달된 언어를 해석합니다. 의미 없는 소음을 들으면 소리를 구분하는 청각 영역이 활성화되지만 의미 있는 단어를 들으면 베르니케 영역이 깨어납니다.

말하는 뇌(브로카 영역)는 프랑스 외과의사 폴 브로카(Paul Broca)가 발견했습니다. 폴 브로카는 언어 문제를 겪던 환자가 죽으면 뇌를 부검했는데 그때마다 좌반구 특정 부위가 손상돼 있었다고 합니다. 브로카가 발견한 부위가 음성 언어를 담당한 다고 해서 이 영역을 브로카 영역이라고 부릅니다. 브로카 영역은 만 3세 이후 발달을 시작해서 만 6세가 돼야 발달을 마무리합니다. 즉 아기가 듣고 이해해도 말로 표현하기까지는 한참 시간이 걸립니다.

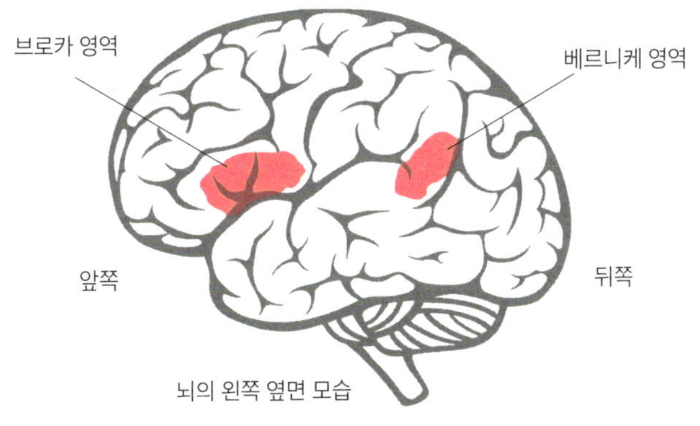

듣고 말하기를 담당하는 뇌의 영역

글자를 알기 전까지 아기에게는 듣는 것이 유일한 학습 수 단입니다. 다양한 단어를 많이 들려줄수록 아이가 학습하는 어휘 수도 늘어납니다. 양육자가 수다쟁이가 될수록 아기는 더 많은 단어를 배웁니다. 말을 많이 하는 유치원 교사와 함께 지낸 아이들이 그렇지 않은 아이들보다 1년 사이 습득한 어휘가 2배 이상 차이가 난다는 연구 결과도 있습니다.

그렇다면 이 시기 아이들에게 어떤 말을 어떻게 얼마나 들려줘야 할까요? 양육자가 쓰는 일상 어휘인 구어(口語)는 수준이 낮고 다양하지 않습니다. 반면 책에 쓰인 문어(文語)는 수준이 높고 다양합니다. 그러므로 아이가 어릴 때 구어와 문어가 섞인 그림책을 많이 읽어주면 어휘를 배우는 데 효과적입니다.

양육자가 책을 읽어주면 아이의 뇌는 소리와 문자를 연결 짓고, 단어와 뜻을 배우는 학습을 시작합니다. 그러다가 글자를 깨치면 아이의 뇌는 단어와 뜻을 연결 짓고 이해하는 문해력 단계로 넘어갑니다.

전문가들은 문해력 단계에 접어들면 글자를 읽기 위해 뇌가 변화한다고 말합니다. 『책을 읽으면 왜 뇌가 좋아질까? 또 성격도 좋아질까?』에서 한상무 교수는 "읽기를 처음 배우는 아이들에게 독서는 그들의 삶에서 매우 중요하고 획기적인 사건이다. 아이가 문해력을 습득해서 독서하는 능력을 갖추기 시작하면, 그의 뇌는 문자 그대로 큰 변화를 겪는다"고 했습니다.

신경과학자 스타니슬라스 드앤(Stanislas Dehaene)은 독서가 후두엽(시각적 정보와 상상력을 처리), 두정엽(문자를 단어로, 단어를 사고로 전환, 쓰기 기능을 증가시키고 독해를 도움)을 활성화시킬 뿐 아니라

측두엽과 협력하여 정보를 저장한다고 했습니다. 그는 책을 읽으면 뇌의 거의 모든 부분이 활성화되면서 협력하고 상호 보완한다고 말합니다.

처음에는 누구나 책을 읽는 것이 어렵지만 우리 뇌는 숙달되면 어려운 일을 쉽게 해낼 수 있습니다. 신경과학자들이 말하는 뇌의 가소성(可塑性, neural plasticity) 덕분[5]입니다. 이들은 "뇌는 플라스틱(유연한 상태)하다. 뇌는 자주 경험하는 일을 신경 회로를 변형시켜 더 쉽고 빠르게 처리해낸다"고 말합니다.

런던의 택시 운전사 이야기[6]가 좋은 예입니다. 런던은 길이 너무 복잡해서 택시 운전을 하려면 내비게이션 없이 수천 개가 넘는 길을 모두 외워야 합니다. 학자들은 런던 택시 운전사들의 뇌에서 기억을 담당하는 해마 부위가 특별히 커진 것을 발견했습니다. 놀라운 점은 택시 운전을 그만두면 커졌던 해마가 원래 크기로 돌아간다는 것입니다.

뇌는 이렇게 필요에 따라 스스로 변화합니다. 처음에는 수천 개의 길을 외우는 것이나 책을 읽는 것이나 어렵기는 똑같습니다. 그러나 반복하면 결국 아무리 복잡한 수천 갈래 길이어도 모두 외워버리듯이 독서도 하면 할수록 유창해집니다.

스타니슬라스 드앤에 따르면 초보 독서가는 독서할 때 다음의 그림처럼 뇌 영역을 넓게 활성화합니다.

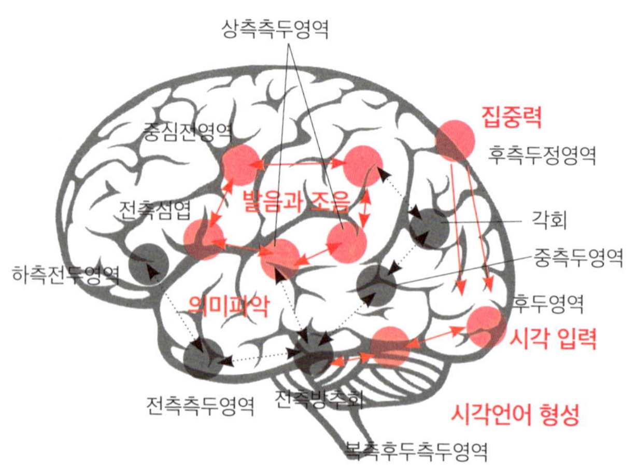

책을 읽을 때 활성화되는 뇌의 부위

뇌는 서서히 독서에 익숙해지면서 좌반구만 활성화하는 식으로 효율을 높입니다.[7] 유창한 독자가 되면 독해 과정이 거의 자동화되면서 읽는 시간을 1,000분의 1초씩 단축시킨다고 합니다. 이 조금씩 벌어놓은 시간이 쌓이면 뇌는 더 효율적이고 빠르게 책을 읽게 됩니다.[8] 그렇게 숙련된 독서가가 되면 약 0.6초 만에 인지, 언어, 감정 모두가 융합하면서 수십억 개 뉴런이 한 번에 움직인다고 합니다.[9] 정말 대단하지요.

인지과학자인 매리언 울프(Maryanne Wolf) 교수는 독서를 "새로운 것을 배우기 위해 스스로를 재배치하는 뇌의 독특한 능력에서 비롯된 기적 같은 현상이다"라고 말합니다. 아이가 책을 읽을 때 사랑과 격려로 보듬어준다면 아이의 뇌는 긍정적인 기억과 경험을 보태어 독서라는 기적을 가속화하겠죠.

읽기와 보기,
뇌에서는 어떻게 다를까?

오래전에 동료 선생님에게 들은 이야기입니다. 한 아이가 국어 시간에 묻더랍니다.

"선생님, 국어 교과서에 읽기, 쓰기, 말하기, 듣기는 있는데 왜 보기는 없어요?"

얼핏 생각하면 보기도 국어 교과서에 있어야 할 것 같습니다. 그런데 보기는 읽기와 달리 아주 단순한 행위입니다. 보기는 뇌가 활자를 시각적으로 인지할 뿐입니다. 책이 있을 때 "저기에 책이 있구나" 하는 정도입니다.

읽기는 시각적으로 활자를 보는 것과 동시에 청각적으로 글자 소리를 떠올리는 음운 과정을 포함합니다. 이를테면 읽기는 '소' 글자를 보면 아주 짧은 순간에 /소/ 라는 소리를 떠올리고 정확하게 발음해서 읽는 것까지 포함합니다.

읽기는 글자와 소리를 연결 짓고, 낱말을 해석하고, 앞에서 얻은 정보와 현재 들어오는 정보를 비교하고, 문장을 맥락에서 이해하는 모든 행위를 아우릅니다. 우리 뇌에서 글을 읽을 때 일어나는 복잡한 사고 과정을 생각한다면 읽기와 보기는 같은 수준으로 생각할 수 없지요.

일본 도호쿠대학 가와시마 류타(川島隆太) 교수는 아이에게 책 읽기, 만화책 보기, 게임하기 등 몇 가지 과제를 주고 fMRI(기능성 자기공명영상)로 뇌를 살펴보았습니다. 결과는 놀랍습니다. 뇌는 게임할 때 거의 활성화되지 않았습니다. 만화책을 '볼 때'도 일정 부분만 활성화됐습니다.

책을 읽자 뇌는 광범위하게 활성화됐습니다. 특히 주의력, 창조력, 이해력, 커뮤니케이션 등과 관련이 깊은 것으로 알려진 전두엽 부위가 크게 활성화됐습니다. 뇌는 게임하거나 만화책을 볼 때는 깜깜한 방이지만 책을 읽으면 불이 환하게 켜지는 겁니다.

　우리 뇌는 수많은 신경다발이 서로 연결될 때 비로소 능력을 발휘합니다. 아이의 뇌도 협력하고 보완하여 어려운 일을 함께 해결하면서 발달합니다. 책을 읽으면 뇌가 광범위하게 활성화되면서 뇌 영역 일부만으로 해결할 수 없는 복잡한 읽기 과제를 해냅니다. 게임하기, 만화책 보기가 일부 영역만 활성화되는 것과는 달리 여러 영역을 가동하는 것입니다.

　이런 까닭에 음악을 들으면서 공부하거나 독서하는 것은 좋은 선택이 아닙니다. 앞에서 살펴본 것처럼 우리 뇌는 책을 읽는 동안 아주 복잡한 일들을 동시에 수행해야 합니다. 아무 언어적 정보가 없는 음악이라면 모를까 의미를 담은 노래 가사가 있는 경우에는 뇌는 그 의미를 해석하느라 주의집중을 분산하고 맙니다.

　따라서 시각적으로 주의집중이 흐트러지지 않는 환경이나 청각적으로 다른 언어 정보에 방해받지 않는 환경에서 책을 읽는 게 좋다는 것을 알 수 있지요.

같은 책만
반복해서 읽는 아이

조선 시대에 '책만 읽는 바보'로 불렸던 이가 있습니다. 김득신입니다. 그는 어릴 때 천연두를 앓아서 열 살이 돼서야 글을 겨우 깨우쳤다고 합니다.

아버지 김치(金緻)는 유명한 학자였습니다. 그는 글 깨치는 것이 늦는 아들에게 "학문의 성취가 늦다고 성공하지 말라는 법은 없다. 읽고 또 읽으면 반드시 대문장가가 될 것이니 공부를 게을리하지 마라"라고 말했다고 합니다.

이때부터 김득신은 책을 몇 번이나 읽었는지 기록하는 『독수기(讀數記)』를 썼습니다. 독수기에는 1만 번 이상 읽은 책만 기록했는데, 1만 번 이하 읽은 책은 아예 기록조차 하지 않았다고 합니다. 독수기에 쓴 책만 무려 36권입니다. 김득신이 가장 많이 읽은 책은 『사기』에 나오는 「백이전」으로 11만 3,000번을 읽었습니다.

결국 김득신은 남들보다 한참 늦은 나이인 59세에 과거에 급제했습니다. 명시를 남긴 대시인의 반열에 오르기도 했고요. 그렇게 80세까지 살았다고 하니, 김득신은 우리에게 자신의 삶을 교훈으로 남긴 셈입니다. 어릴 때 바보라고 불리던 김득신은 포기하지 않고 반복하는 책 읽기로 끝내 삶을 바꾸는 데 성공했습니다.

'반복해서 읽기'는 김득신처럼 같은 책을 몇 번이고 느리게 읽는 독서를 말합니다. 김득신만 반복해서 읽은 게 아닙니다. 영국의 소설가 데이비드 로런스(David Lawrence)는 독서의 참다운 기쁨은 같은 책을 몇 번이고 다시 읽는 것이라고 했습니다.

세계적인 미래학자 앨빈 토플러(Alvin Toffler)는 새로운 분야에 도전할 때 관련된 책을 모두 사서 완벽하게 내용을 익힐 때까지 반복해서 읽는다고 합니다.[10] 세종대왕은 백 번 읽는 깃에서 한 걸음 더 나아가 백 번을 써서 읽었다고 합니다.

모름지기 진정한 독서가라면 반복하는 독서가 얼마나 유용한지 잘 압니다. 아무렴 한글을 직접 만든 세종대왕이 머리가 나빠서 같은 책을 백 번 읽고 백 번 썼을까요. 앨빈 토플러가 시간이 남아서 같은 책을 외울 때까지 반복해서 읽었을까요. 당연히 아닙니다. 그만큼 유익하니까 반복해서 읽었던 겁니다.

좋은 책을 몇 번이고 반복해서 읽는 동안 우리 뇌는 책의 단어와 문장과 생각을 흡수해 버립니다. 책을 반복해서 읽으면 처음에는 보지 못한 것을 보게 됩니다. 처음에는 놓치고 지나간 어휘도 보고, 문장도 보고, 그림도 봅니다.[11] 이 과정에서 어휘가 늘고 좋은 문장을 알고 언어 경험이 차곡차곡 쌓입니다.

저의 큰딸인 성연이는 어릴 때 『해님 달님』을 무척 좋아해서 앉은 자리에서 스무 번을 읽어준 적도 있습니다. 어느 날 글자를 모르는 성연이가 방에서 혼자 『해님 달님』을 읽고 있었습니다. 깜짝 놀라 가보니 표지가 너덜너덜해진 책을 거꾸로 들고 동화 구연을 하고 있고 있었습니다. 성연이는 책을 통째로 외워 버렸던 겁니다.

아이가 같은 책을 반복해서 읽으면 걱정하기보다 아직 책에 흡수할 게 남았다고 생각하면 됩니다. 좋은 책을 많이 읽어주세요. 반복해서 읽기는 새로운 지식을 내 것으로 만드는 유익한 독서랍니다.

아이가 같은 책을 반복해서 읽을 땐 이렇게 도와주세요

같은 책을 반복해서 읽는 것은 책을 내 것으로 만드는 가장 좋은 독서 방법입니다. 그럼에도 아이가 같은 책만 읽는 게 걱정되는 부모님을 위해서 가정에서 할 수 있는 활동들을 정리했습니다.

1. 수십 번씩 읽어도 좋은 책인지 살펴보세요. 어휘, 문장, 맞춤법, 꾸미는 말, 그림까지 모두 중요합니다. 부드럽고 따뜻한 그림이면서 아이가 읽기에 적당한지 꼼꼼하게 살펴보세요.
2. 책을 읽을 때마다 바를 정(正) 자로 책 표지 안쪽에 표시합니다.
3. 책에서 재미있는 부분이나 인상 깊은 장면 등을 물어보고 포스트잇에 써 붙입니다.
4. 30번 이상 읽은 책은 아이가 좋아하는 책인 만큼 손이 잘 닿는 곳에 꽂습니다.
5. 책에서 인상 깊은 장면을 물어보고 함께 그림으로 그려보거나 엄마와 역할을 나누어 역할 놀이를 합니다.
6. 글을 쓸 수 있다면 주인공에게 일기나 편지를 쓰는 등 글쓰기와 연계하면 좋습니다. 아직 글을 쓸 수 없다면 책 이야기를 함께 나눕니다.
7. 아이가 특별하게 좋아하는 책은 표지를 사진 찍어서 스크랩해 두고, 나중에 자서전을 쓸 때 자료로 활용하면 좋습니다.

2장

독서 수준별 솔루션 1단계

글자 읽기

어릴 때 독서를
빨리 시작해야 좋다는 오해

아이가 책을 빨리 읽게 되면 독서 능력도 더 우수할까요? 영국의 독서학자 우샤 고스와미(Usha Goswami)는 다섯 살에 독서를 시작한 아이와 일곱 살에 독서를 시작한 아이의 독서 능력을 비교하는 연구를 했습니다. 일찍 책을 읽기 시작한 다섯 살 아이가 더 우수할 것 같지만 일곱 살에 독서를 시작한 아이가 독서 능력이 더 뛰어났습니다.[12]

책을 읽을 때 뇌는 거의 모든 영역을 가동합니다. 글자 해독, 문장 해석, 종합 그리고 판단을 해야 하기 때문입니다. 책을 읽을 때 뇌는 이런 다양한 영역에서 쏟아져 들어오는 정보를 빠르게 처리해야 합니다. 그런데 정보 처리와 통합에 필요한 뇌 영역이 발달하려면 시간이 걸립니다.

뇌에는 여러 영역에서 모여 수많은 정보를 주고받는 거대한 신경섬유가 고속도로처럼 얽혀 있습니다. 이 신경섬유를 미엘린(myelin)이 둘러싸는데, 미엘린이 두터울수록 정보를 더 빠르게 주고받습니다. 정보를 빠르게 주고받으면 그만큼 일을 더 능숙하게 처리하게 되지요. 세계적인 음악가나 운동선수의 미엘린이 평범한 사람의 미엘린보다 굵다고 합니다.[13]

뇌는 영역마다 미엘린이 성숙하는 시기가 다릅니다. 감각과 운동 정보를 처리하는 뇌 부위는 5세 이전에 성숙하지만, 독서에 필요한 시각, 청각, 언어 정보를 빠르게 통합하는 인지 능력과 관련된 뇌 구조들은 5~7세에도 완전히 미엘린화되지 않습니다. 이런 이유로 뇌 신경과학 관점에서 많은 연구자들이 독서 조기 교육을 반대합니다.[14]

KBS 특집 다큐멘터리 〈책 읽는 대한민국 읽기혁명〉을 책으로 엮은 『뇌가 좋은 아이』에 어느 독서 영재 이야기가 나옵니다. 아이는 생후 8개월부터 책을 읽기 시작해서 약 20개월 동안 1만 권가량 책을 읽었습니다. 독서에 관심이 많은 학부모라면 솔깃할 이야기겠지만 영유아 발달 검사 결과, 아이의 지능은 또래보다 낮았고, 사회성 지수는 마이너스 8점이 나왔습니다. 심지어 자폐성까지 나타났다고 합니다.

유럽 선진국은 일정 연령까지 읽기 교육을 금지하고 있습니다. 독일, 영국, 이스라엘, 핀란드 등은 7세 이전 아이들에게는 읽기 교육을 못 하게 합니다.[15] 적어도 7세까지는 놀이와 사랑이 무엇보다 중요하다고 생각하기 때문입니다.

어린아이에게 글자를 가르치는 것은 신중하고 조심스러워야 합니다. 아이마다 뇌가 발달하는 속도가 다르고 성숙하는 시기도 다릅니다. 아이의 뇌가 책 읽을 준비가 충분히 되어 있는지 섬세하게 살피고 깊이 고민해야 합니다. 독서 전 단계인 '독서 준비기'에는 책을 많이 읽어주고 아이와 재미있게 놀아주는 게 좋습니다. 잘 놀고 잘 먹고 잘 자야 건강하고 똑똑한 아이로 자란답니다.

빠르게 훑어 읽기보다
천천히 정확하게 읽기

"선생님, 다 읽었어요."

"벌써?"

"네. 저는 원래 책 빨리 읽어요."

"그러면 이 책의 주인공이 왜 그런 선택을 했는지 설명해 볼래?"

"아, 그게⋯⋯. 잘 모르겠어요."

재훈이(가명)는 큰 줄거리 말고는 잘 몰랐습니다. 재훈이의 약점을 금방 알아차렸습니다. 저도 예전에 재훈이와 똑같은 버릇이 있었으니까요.

저는 어릴 때 속독 학원을 다녔습니다. 학원에서는 책을 대각선으로 훑어 읽게 했습니다. 속독을 배운 다음 친구들보다 책 읽는 속도가 몇 배나 빨라졌고, 독서량은 급증했습니다.

그런데 빠르게 훑어 읽는 것이 습관이 되면서 눈은 읽는데 머리가 미처 못 따라가는 일이 생겼습니다. 읽은 내용을 해석하고 판단하기도 전에 눈이 다음 문장으로 넘어가 버렸습니다. 대충 훑어 읽는 버릇은 수능 시험처럼 어렵고 긴 지문을 읽어야 할 때 걸림돌이 됐습니다. 내용이 쉽지 않은데도 깊이 생각하지 않고 넘어가는 바람에 실수가 잦았던 겁니다.

앞에서 봤듯이 우리 뇌는 같은 일을 반복하면 유창해집니다. 굳이 빨리 읽기를 강요하지 않아도 책을 꾸준히 읽다 보면 독서 속도가 저절로 빨라집니다. 그런데도 자꾸만 주변에서 빨리, 많이 읽도록 요구하면 아이는 잘 이해하지도 못하면서 책을 많이 읽어야 하니 상대적으로 이해하기 쉬운 책만 찾게 됩니다.

학자들은 인터넷에서 글을 읽을 때 독자들이 F자 형태로 읽는다고 말합니다.

맨 위 두어 줄만 제대로 읽고 나머지는 필요한 정보를 찾기 위해 건너뛰면서 대충 읽는다는 것입니다. 인터넷에 올라온 잡다한 글만 읽다보면 나중에는 책을 읽을 때도 집중해서 읽기가 어렵습니다.

대충 빠르게 훑어 읽는 습관은 독서 교육에서 가장 경계해야 할 부분입니다. 초등학생이 내용을 잘 이해하지 못하는 상태로 무턱대고 빨리 읽을 까닭은 없습니다. 책을 적게 읽더라도 천천히 음미하듯이 읽는 게 좋습니다. 어차피 책 읽는 속도는 시간이 갈수록 자연스럽게 빨라집니다. 속도에 연연할 필요가 전혀 없습니다.

재훈이는 천천히, 정확하게 읽는 것을 다시 배웠습니다. 저는 재훈이에게 사탕 먹듯이 책을 읽으라고 말했습니다. 처음에는 이전보다 느린 독서가 될 수밖에 없었지만 나중엔 스스로 완급을 조절해 가면서 세부적인 것과 큰 줄기 모두를 챙길 수 있었습니다.

사탕 먹듯이 음미하며 책을 읽도록 도와주는 다섯 가지 질문

1. 마음에 드는 문장 열 개 이상 찾아볼까?
2. 중요한 장면을 세 개 이상 골라보렴.
3. 주인공이 왜 그런 선택을 했는지 설명할 수 있겠니?
4. 핵심 장면을 네 개 고르고 왜 골랐는지 말해 보렴.
5. 내용에 밑줄 치기, 동그라미 그리기, 핵심 단어 찾기를 해보렴.

02

그림책을 왜 직접
읽어줘야 할까

저는 아이를 낳기 전만 해도 그림책에 관심이 없었습니다. 학생들에게 어려운 『논어』 책은 읽어줘도 그림책 읽어줄 생각은 하지 않았습니다. 아이를 키우면서 그림책을 처음 펼쳤을 때 깜짝 놀랐습니다. 이게 웬걸, 그림만 있고 글은 몇 줄 없더군요. 어떻게 읽어줄지 막막했습니다.

저 같은 엄마들이 많을 겁니다. 그림책이 좋다고는 하는데, 어떤 식으로 어떻게 읽어줘야 할지 고민되는 엄마들도 많습니다. 글자가 많은 책이라면 함께 이야기 나눌 거리라도 많지만, 그림이 많은 책이라면 무엇을 어떻게 읽어줘야 할지 잘 모르겠지요. 인터넷에 '그림책 읽어주기', '책 읽어주기' 등에 대한 질문이 많은 것도 그래서이지 않을까 싶습니다.

저처럼 그림책 읽어주기를 어려워하는 엄마들에게 전문가들은 엄마가 먼저 즐기라고 조언합니다. 어차피 정답이 없으니 읽고 싶은 대로 읽어주면 된다고 말입니다.

"어른들은 그림을 보지만 아이들은 그림을 읽어낸다."

일본에서 100년 전통을 자랑한다는 후쿠인칸 서점 대표 마쓰이 다다시(松居直)가 한 말입니다. 어른은 그림책을 보면 어떻게 읽어줘야 할까 궁리하지만 그럴 필요가 없습니다. 아이들은 알아서 그림을 읽어내니까요.

독서 초기 단계에 그림책은 어휘를 배우고 상상력을 키우기 좋습니다. 이야깃거리가 많아서 '대화하는 책 읽기'에도 좋습니다. 책을 싫어하는 아이가 책에 흥미를 갖게 할 수도 있습니다. 글자가 적으니 부모나 교사가 책을 읽어주기에도 좋습니다.

그림책은 그림이 글을 대신합니다. 하고 싶은 말은 최소한으로 줄이고 나머지는 그림으로 말하기 때문에 어떤 그림이 그려져 있는지, 어떤 색감과 질감을 표현했는지, 그림 분위기는 어떠한지, 주인공 표정은 어떤지를 아이와 이야기 나누면서 그림책의 여백을 채우는 독서를 즐기면 됩니다.

저는 성연이가 백일이 됐을 무렵부터 그림책을 읽어줬습니다. 책을 많이 읽어주고 싶었지만 육아에 지치고 피곤한 날은 아이가 책을 읽어달라고 하는 게 귀찮았습니다. 그러다가 오디오북이 있다는 사실을 알고는 어찌나 반갑던지요.

오디오북은 다양한 목소리로 전문 성우가 재미있게 읽어주고 효과음과 배경 음악까지 있었습니다. 제가 읽어주던 것과는 하늘과 땅 차이였습니다. 처음엔 성연이도 오디오북을 재미있어했습니다. 그러나 얼마 못 가 종이책을 다시 가져왔습니다.

시카고 대학 재닐런 허텐로처(Janellen Huttenlocher) 교수는 양육자의 언어 구사를 연구했습니다. 말이 많은 엄마와 생활한 20개월 아기와 말수가 적은 엄마와 생활하는 20개월 아기가 사용하는 어휘 수가 얼마나 차이 나는지 살펴본 연구였습니다.

연구 결과 수다스러운 엄마와 생활한 아이가 그렇지 않은 아이보다 평균 131개 더 많은 어휘를 사용했습니다. 두 돌이 넘어가면 어휘 격차는 295개로 더 벌어졌습니다. 놀랍게도 이 차이는 엄마 목소리를 '육성'으로 들었을 때만 나타났습니다. 텔레비전이나 비디오처럼 일방적으로 들려오는 소리는 의미가 없었습니다.

책을 읽어주면 아이 뇌에서는 거울신경세포가 활성화됩니다. 거울신경세포는 우리 뇌에서 거울처럼 다른 사람의 말과 행동을 모방해서 학습하는 일을 합니다. 아이는 엄마가 책을 읽어주면 입 모양을 흉내 내고 음성 언어와 문자 언어를 듣고 이해하는 식으로 꾸준히 학습합니다.

오디오북은 궁금해도 물어볼 수 없습니다. 다시 읽어달라고 조를 수도 없습니다. 아무리 좋은 오디오북이어도 엄마가 읽어주는 책보다 못한 것은 상호작용이나 피드백이 불가능하기 때문입니다. 힘들어도 사람이 직접 읽어주면서 궁금한 것을 묻고 답하고 설명하고 가르치는 과정이 필요하답니다.

아이에게 책을
재미있게 읽어주는 방법

독서 교육 학부모 강의에서 이런 질문을 하신 분이 있습니다.

"집에 오면 아무리 바쁘고 힘들어도 책을 읽어주려 해요. 저희 아이는 아직 책을 혼자 못 읽거든요. 그런데 책을 읽어주면 금방 지루해하면서 도망가요. 재미있게 읽어주는 방법이 없을까요?"

저는 하루에 한두 권만 재미있게 읽어주되, 문장이 아닌 그림 위주로 아이와 이야기하라고 조언해 드렸습니다. 이야기 나누기를 목적으로 두면 엄마가 책을 설사 재미있게 못 읽어줘도 괜찮습니다. 그림, 단어, 문장, 분위기 모든 것을 이야기 나눌 수 있지요. 그래도 초보 엄마들은 책을 재미있게 읽어주고 싶으실 겁니다. 저도 그랬습니다. 아직 혼자서 책을 읽기 어려운 아이에게 재미있게 책을 읽어주는 몇 가지 방법을 소개합니다.

1. 길거나 높게 목소리에 변화를 주세요

아이는 '옛날에'보다 '옛~~날에'를 더 좋아합니다. 또박또박 책 읽어줄 때보다 더 귀를 쫑긋 세우고 듣습니다. 여기에 높낮이 변화까지 주면 더 재미있어합니다.

옛~~날에 √ 아기 별님이 살았습니다아아~~~

📖 2. 의성어와 의태어는 큰 소리로 읽으세요

아이들 책은 의성어나 의태어가 많습니다. 의성어와 의태어만 힘주어 읽어도 느낌이 사뭇 다릅니다. 의성어와 의태어만 큰 소리로 읽으세요.

사과가 **쿵!** (큰 목소리로) 하고 떨어졌습니다.

📖 3. 책장 넘기는 것을 놀이처럼

아이가 어리면 책장도 아무 때나 넘깁니다. 엄마가 다 읽기도 전에 자꾸 책장을 넘기려 합니다. 이럴 때는 아이 호기심을 먼저 채워주세요. 넘기고 싶은 만큼 맘껏 책장을 넘겨보게 하세요. 물론 책장 넘기기를 놀이처럼 가르칠 수도 있습니다.

1단계: 신호 가르치기

유진아, 엄마랑 놀이할까? 엄마가 띵동 소리를 내면 그때 책장을 넘겨보렴. 띵! 띵!
딩동! 안 속네. 띵동! (아이와 함께 책장을 넘기면서) 잘했어.

2단계: 신호 예측하기

(마지막 문장을 가리키며) 엄마가 여기까지 읽으면 띵동 소리를 낼게. 엄마가 진짜로 '띵동' 하는지 귀를 쫑긋 세우고 들어봐.

3단계: 윙크로 신호하기

지금부터는 엄마가 띵동 소리를 내지 않고 윙크만 할게. 엄마가 윙크하면 책장을 넘기는 거야.

4단계: 신호가 없어도 기다리기

이제 엄마는 아무 소리도 안 내고 윙크도 안 할 거야. 대신 잠깐 책을 읽지 않고 멈출게. 엄마가 소리 내지 않고 마음속으로 셋을 셀 거야. 유진이도 기다렸다가 책장을 넘겨줘.

📖 4. 같은 책도 반복해서 읽어주세요

아이가 유난히 좋아하는 책이 있다면 몇 번이고 읽어주세요. 반복해서 듣는 동안 책에 있는 모든 걸 흡수합니다. 낱말, 의성어와 의태어, 자주 쓰는 관용구, 문장, 모든 걸 말입니다.

📖 5. 정확한 발음으로 천천히

책은 천천히 부드럽게 읽어주세요. 아이는 부모의 발음을 흉내 내면서 말과 글을 배웁니다. 책을 읽어줄 때 정확하고 분명한 발음으로 천천히 읽어주어야 말이 주는 재미와 리듬을 배울 수 있습니다.

📖 6. 아이가 어리면 큰 그림책이 좋아요

영아는 시력이 발달하지 않아서 30cm 떨어진 사물도 정확하게 구별하지 못합니다. 아기가 많이 어릴 때는 단순한 그림이 좋습니다. 그림을 손가락으로 가리켰을 때 알아볼 만큼 크고 단순한 책을 고르세요.

7. 아이를 품에 안고 읽어주세요

　책을 읽어줄 때는 아이를 품에 안으세요. 엄마가 책을 읽어줄 때 아이는 어휘만 학습하지 않습니다. 엄마 냄새, 따뜻한 품, 말투와 눈빛까지 모두 기억합니다. 아이를 품에 안고 책을 읽어주면 아이는 독서를 긍정적이고 기분 좋은 언어 경험으로 오래도록 기억합니다.

책을 읽어줄까,
글자를 가르칠까

〈사교육걱정없는세상〉에서 2024년 전국 초등학교 1학년 학부모를 대상으로 한글 교육 실태를 조사했습니다.

취학 전에 미리 한글을 배우고 입학하는 학생은 전체의 64.8%였습니다. 한글을 미리 배우는 가장 큰 이유는 "학교에서 한글을 알고 있다는 것을 전제로 교육과정을 운영한다고 생각해서"였습니다. 이렇게 서둘러 시작하는 한글 교육은 아이에게 어떤 영향을 줄까요?[16]

모니크 세네샬(Monique Sénéchal)은 유치원 때 책을 읽어주는 것이 초등학교 4학년이 될 때까지 아이들에게 어떤 영향을 미치는지 연구했습니다.[17] 그는 가정에서 책을 읽어주고 글자를 가르치는 유형이 크게 네 가지로 나뉜다고 말합니다.

- 책을 적게 읽어주고 글자를 적게 가르친 아이
- 책을 적게 읽어주고 글자를 많이 가르친 아이
- 책을 많이 읽어주고 글자를 많이 가르친 아이
- 책을 많이 읽어주고 글자를 적게 가르친 아이

연구 결과는 흥미롭습니다. 책을 적게 읽어주고 글자를 가르치지 않은 아이는 초등학교 저학년 때는 물론이고 초등학교 4학년 때에도 어휘력이 낮고 유창성과 독해력이 떨어졌습니다.

반대로 책을 많이 읽어주고 글자를 많이 가르친 아이는 초등학교 저학년 때부터 초등학교 4학년 때까지 어휘력, 유창성, 독해력 모두 우수했습니다.

둘째 유진이는 책을 많이 읽어줬고, 학교 들어가기 직전에 글자를 가르쳤습니다. 유진이는 저학년 때부터 글을 매끄럽게 읽었고, 4학년이 지난 뒤에도 독해력과 어휘력이 좋았습니다.

책을 적게 읽어주고 글자를 많이 가르친 아이는 어떨까요. 가정에서 책은 적게 읽어줘도 학습지나 단어 카드로 글자 공부를 빨리 시작한 아이는 초반에 어휘력과 유창성, 독해력 모두 우수했습니다. 초반에는 이 아이들이 가정에서 책을 많이 읽어주고 글자를 따로 가르치지 않은 아이를 앞질러 나갔습니다.

큰딸 성연이는 책은 많이 읽어줬지만 글자를 따로 가르치지 않았습니다. 마침 그 무렵 교육부가 유치원에서 글자 교육을 못하게 했기 때문에 성연이는 글자를 따로 배우지 않고 학교에 갔습니다. 쓸 줄 아는 거라고는 이름 석 자뿐이었던 성연이는 초반에 많이 고생했습니다.

성연이처럼 책을 많이 읽어주고 글자를 따로 가르치지 않은 아이들은 글자 해독이 어렵기 때문에 학습 초반에 매끄럽게 읽을 수 없고, 유창하게 읽지 못하니 독해력도 떨어졌습니다. 이 유형 아이들은 저학년 때 평균 이하 수준으로 독해했습니다.

그런데 이 연구에는 반전이 있습니다. 책을 많이 읽어주고 글자를 적게 가르친 집단은 독해력이 점점 올라가 초등학교 4학년이 됐을 때 평균 수준 독해력에 도달했습니다. 나중에는 독해력이 평균을 넘어 더 상승했고요. 이 아이들은 어릴 때부터 독서 경험을 쌓아왔기 때문에 혼자 책을 즐겨 읽으면서 뒤처졌던 어휘력, 독해력을 따라잡았습니다.

처음에 글자 공부를 따로 하지 않아서 많이 고생했던 성연이도 똑같았습니다. 읽고 쓰는 것이 편해지면서부터는 엄마가 읽어주지 않아도 혼자서 책을 많이 읽었습니다. 성연이는 두꺼운 『나니아 연대기』, 『황금나침반』 시리즈도 거뜬히 읽었습니다. 뒤처졌던 글자 공부며 교과 학습 모두 언제 그랬냐는 듯 가뿐하게 따라잡았습니다.

설사 어릴 때 책을 많이 읽어주지 못했어도 괜찮습니다. 지금부터 시작하면 됩니다. 책 읽기는 늦게 시작해도 반드시 효과를 봅니다. 하루에 15분씩만 꾸준히 읽어도 아이가 언어의 숲을 울창하게 가꾸도록 도와줍니다.

글자를 깨친다는 것은 문자의 세계로 들어가는 문을 여는 것입니다. 너무나 소중한 경험이지만 성연이는 이 문을 여는 것이 정말 힘들었습니다. 글자를 재미있는 놀이처럼 흥미롭게 배우게 하되 정확하고 올바른 발음을 함께 가르치세요.

한글 교육 때문에 대한민국이 늘 시끄러운 까닭

<좋은교사운동>이 2015년에 실시한 조사에서 초등교사의 78%가 한글 지도 방법을 체계적으로 배우지 못했다고 답했습니다.

이후 한글 책임 교육이 정책으로 도입됐지만, 2025년의 최근 연구에서도 교사들은 여전히 학생 간 한글 해득 수준의 차이와 지원 부족을 가장 큰 부담으로 꼽았습니다.[18]

한글 기초 문해 교육은 독서 교육으로 가는 첫 번째 관문입니다. 우리가 생각하는 것보다 몇 배로 중요합니다. 그러나 한글이 배우기 쉽고 가정에서 이미 배우고 오는 아이가 많다는 이유로 공교육에서 한글 교육을 쉽게만 생각하는 것도 사실입니다. 교육부는 교육과정에서 한글 교육 시수를 여러 번 바꿨습니다. 고무줄처럼 줄였다가 늘렸다가 제멋대로였죠.

그동안 말을 자주 바꾼 탓일까요. 교육부가 말하는 한글 교육 강화 정책은 현실 앞에 선 무용지물입니다. 앞에서 살펴봤듯이 대한민국 학부모 대부분이 아이가 서너 살만 되어도 한글 사교육을 시작합니다. 언제부터, 어떻게 가르쳐야 할지 아무도 안 알려주니 일단 시키고 보는 겁니다.

이런데도 교육부는 무작정 한글 공부를 시키지 말라고만 합니다. 학부모 고민은 제대로 들어주지 않으면서 말입니다. 교육대학은 교육대학대로 예비교사가 한글 기초 문해 교육을 체계적으로 배울 기회를 주지 않습니다. 교사들은 현장에서 한글을 깨우치지 못한 다양한 유형의 학생을 만나면 당황할 수밖에 없습니다.

교육부는 2017년 68시간, 2022년에는 102시간으로 한글 교육 시수를 대폭 늘렸습니다. 그런데도 학교 현장은 크게 달라지지 않았습니다. 2023년 전국 초등학교 1학년 학부모 11,000명을 대상으로 한 조사에서, 서울 지역 학생의 83.9%가 입학 전에 이미 한글 선행 학습을 마친 채 학교에 온 것으로 나타났습니다.

학부모들이 꼽은 이유 1위는 "학교가 한글을 알고 있다는 것을 전제로 수업한다고 생각해서"였습니다.

학교가 책임진다고 했지만, 학부모들은 이를 신뢰하지 않은 것입니다.[19]

이것이야말로 대한민국 한글 교육이 숨겨둔 진짜 민낯이라고 생각합니다. 한글 교육은 이런 문제들이 복잡하게 얽혀 있습니다. 세심하게 하나씩 풀어나가지 않으면 안 됩니다. 모두가 관심을 갖고 한 걸음씩 함께 나가는 수밖에 없습니다. 지금이야말로 교사는 공부하고, 학부모는 학교를 믿고, 교육부는 현장의 목소리를 듣고, 교육대학은 이를 교과목으로 개설해야 할 때입니다.

3장

독서 수준별 솔루션 2단계

읽기 이해력 기르기

01

책을 읽어도
무슨 내용인지
잘 모른다면

언어학자들은 책을 읽고 이해하는 힘을 '읽기 이해력'이라고 합니다. 문장을 읽고 무슨 뜻인지 이해하거나 책을 읽고 작가의 의도를 파악하는 것도 읽기 이해력에 들어갑니다. 우리들은 이를 흔히 독해력이라고 일컫습니다.

읽기 단순 이론(simple view of reading)은 읽기 이해력을 설명하는 가장 대표적인 이론입니다. 읽기 단순 이론에 따르면 읽기 이해력은 글자를 소리 내서 읽는 '낱말 읽기'와 낱말과 뜻을 아는 어휘력, 문장을 읽고 이해하는 구문력, 여러 문장을 이해하는 덩이말(text) 이해력을 포괄하는 '언어 이해력'으로 나눕니다. 즉, 책을 읽고 잘 이해하려면 소리 내서 읽기도 잘해야 하고 낱말 이해, 문장 이해도 잘해야 합니다.

텍사스 대학 필립 고프(Philip Gough) 명예교수는 읽기 단순 이론에서 읽기 이해력을 낱말 읽기와 언어 이해력의 곱으로 나타냅니다.

"읽기 이해력 = 낱말 읽기 × 언어 이해력"

정재석 정신건강의학과 전문의는《정신의학신문》에서 이를 다음과 같이 설명합니다.

예를 들어 아이가 낱말을 유창하게 읽기는 하는데(1), 언어를 이해하는 능력이 떨어지면(0.6) 읽기 이해력도 0.6(1×0.6)으로 낮아집니다. 반대로 낱말은 더듬거리면서 읽지만(0.7) 뜻을 잘 이해하면(1) 읽기 이해력은 0.7(0.7×1)이 됩니다. 읽기 이해력이 우수하려면 유창하게 소리 내어 읽을 수 있으면서 뜻도 잘 이해해야 합니다.

다음은 읽기 단순 이론에 따라 읽기 이해력을 분류한 것입니다.

A. 낱말 읽기는 잘하나 언어 이해력이 낮은 경우	B. 낱말 읽기를 잘 못하고 언어 이해력도 낮은 경우
C. 낱말 읽기를 잘하고 언어 이해력도 높은 경우	D. 낱말 읽기는 잘 못하나 언어 이해력은 높은 경우

읽기 단순 이론은 수준에 따라 읽기 이해력을 어떻게 지도

해야 할지 보여줍니다. 낱말 읽기가 문제라면 자모글자부터 차근차근 가르치고 언어 이해력이 떨어지면 어휘력, 구문력, 덩이말 이해력 등을 함께 가르쳐야 합니다. 낱말 읽기는 잘하는데 언어 이해력이 떨어지면 언어 이해력을 높이도록 하고, 낱말 읽기는 잘 못하는데 언어 이해력이 높으면 낱말 읽기를 지도해야겠지요.

표에서 눈여겨 볼 것은 A, B, D 유형입니다. A 유형은 소리 내서 읽는 것은 잘하지만 세부적인 내용이나 문장 뜻을 다시 설명하는 것은 어려워합니다. 이런 유형은 소리 내서 글을 읽을 수 있기 때문에 언어 이해력에 문제가 있다는 것이 눈에 잘 띄지 않습니다. 지도가 늦어지는 경우도 많습니다.

B 유형은 소리 내서 읽는 것도 잘 못하고 언어 이해력도 떨어집니다. 더듬거리면서 읽고 문장을 잘 이해하지 못하기 때문에 읽기 능력에 문제가 있다는 것이 비교적 눈에 잘 띕니다. 이 유형은 읽기 능력이 떨어져서 다른 교과 학습을 못 따라가는 경우가 많습니다. 따라서 교과 학습만 가르쳐서는 안 됩니다. 저도 수학만 가르쳤을 때는 전혀 나아지지 않던 아이가 문장을 읽고 이해하는 언어 이해력이 좋아지자 자연스럽게 수학 부진에서 벗어나는 것을 본 적이 있습니다. 학교와 가정 모두 읽기 이해력이 교과 학습과 직접 연결된다는 것을 놓치지 말아야 합니다.

D 유형은 언어 이해력은 높은데 소리 내서 읽는 것을 잘 못하는 경우입니다. 이 유형은 책을 더듬거리면서 읽지만 말로 생각을 표현하는 것은 제법 잘합니다. 언어 이해력이 좋기 때문에 소리 내서 읽는 지도를 꾸준하게 하면 읽기 이해력도 함께 나아집니다.

언어학자 바바라 푸어먼(Barbara Foorman)의 연구[20]에 따르면 초등학교 1학년 초기에 읽기 능력이 뒤처진 아이가 1학년이 끝날 때까지 읽기 능력이 뒤처질 확률은 88%입니다. 초등학교 3학년 때 읽기 능력이 뒤처진 아이가 중학교 3학년까지 뒤처질 확률은 74%입니다. 한번 벌어진 읽기 능력 격차는 좀처럼 따라잡기 어렵다는 뜻입니다.

읽기 능력에 문제가 있으면 글을 매끄럽게 읽지 못합니다. 책을 읽는 속도가 느리고 처음 보거나 자주 쓰지 않는 낱말은 더듬거리면서 읽습니다.[21] 읽은 내용이 무엇이었는지 기억하거나 일이 일어난 순서대로 내용을 추리는 것 모두 어려워합니다. 언어 표현 능력이 부족해서 하고 싶은 말을 정확하게 표현하는 것도 힘들고[22] 문장을 잘못 읽기도 합니다.

읽기를 어려워하는 아이의 오독 사례

1. 누락: 낱말 일부를 생략해서 읽기

예 나는 고양이 한 마리를 보았다. → 나는 고양이를 보았다.

2. 삽입: 없는 낱말을 추가해서 읽기

예 나는 도시락을 가져왔다. → 나는 도시락을 싸가지고 왔다.

3. 대치: 다른 낱말로 바꿔서 읽기

예 햇볕이 뜨겁습니다. → 해가 뜨겁습니다.

4. 반복: 같은 낱말을 반복해서 읽기

예 강아지가 꼬리를 흔든다. → 강아지가 꼬리를, 꼬리를 흔든다.

우리가 아는 것보다 더 많은 아이들이 읽기에서 어려움을 겪습니다. 읽기 능력에 문제가 있는 아이를 제때 도와주지 않으면 아이는 푸어먼의 연구처럼 시간이 흘러도 별다른 진전 없이 학년을 맞게 됩니다. 학년이 올라가면 교과 내용도 어려워집니다. 어려운 낱말이 많아지기 전에 지도를 시작하는 게 좋습니다. 지금부터라도 읽기 능력이 뒤처지는 아이를 정확하게 문장 읽기, 어휘력 기르기, 자신감 길러주기 등 다양한 방면으로 도와주어야 할 것입니다.

책 속에
모르는 단어가
너무 많아요

"무릇 있는 자는 받아 넉넉하게 되고 없는 자는 있는 것마저도 빼앗기리라."

신약성서 『마태복음』에 나오는 구절입니다. 다른 말로는 '부익부 빈익빈'이라고 하지요. 이 말은 1969년 사회학자 로버트 머튼(Robert Merton)이 마태 효과(matthew effect)라는 말로 사회학에 처음 인용했고, 심리학자 키스 스타노비치(Keith Stanovich)가 언어학에서 다시 인용했습니다.

키스는 읽기 교육에도 마태 효과가 있다고 말합니다. 그에 따르면 어휘를 많이 아는 아이는 새로운 어휘를 익히기 쉽고 어휘를 조금 아는 아이는 새로운 어휘를 익히기 어렵습니다. 아이들은 나무가 가지를 치듯이 이미 아는 단어에 새로운 단어를 대입하고 비교해서 이해 및 학습해 나갑니다. 아는 단어가 많을수록 어휘 나무에도 새로운 곁가지가 붙기 쉽습니다.

어휘력을 기르는 데에는 두 가지 방법이 있습니다. 어른이 가르치는 것과 아이 스스로 학습하는 것입니다. 아동발달학자 앤드루 비에밀러(Andrew Biemiller)는 일반적으로 아이는 초등학교 6학년까지 매년 약 800개에서 1,000개 정도 기초 어원을 익힌다고 말합니다.[23] 학습을 하는 데 특별한 문제가 없다면 학교에 다니면서 한 주에 8개에서 10개 정도 새로운 어휘를 배우는 셈입니다.

아이는 가정에서도 어휘를 배웁니다. 주로 부모가 쓰는 어휘를 들으면서 말입니다. 미국의 교육 연구가인 베티 하트(Betty Hart)와 토드 리즐리(Todd Risely)는 가정에서 부모와 아동의 어휘 구사력 상관관계를 연구했습니다.[24]

이들은 만 1세부터 만 3세까지 아동 가정에 한 달에 한 번씩 방문해서 부모와 아이가 나누는 대화를 분석했습니다. 연구 결과, 교육을 받은 고소득층 가정에서 자란 아동은 만 3세까지 약 4,000만 번 정도 어휘에 노출됐고, 극빈층 아동은 약 1,000만 번 노출됐다고 합니다.

가정에서 언어에 자주 노출될수록 아이가 아는 어휘 수도 많아져 만 3세 때 극빈층 아동이 아는 어휘는 약 500개였고 고소득층 아동이 아는 어휘는 약 1,100개였습니다. 이 연구에서 고소득층 부모는 문어체와 고급 어휘를 자주 사용하고 자세하고 긍정적인 설명을 덧붙였다고 합니다. 어휘력이 좋은 아이로 키우고 싶다면 부모가 최선을 다해 자세하고 긍정적인 설명을 다양한 어휘를 이용해서 해주어야겠지요.

아이가 글자를 깨치면 책을 읽으면서 스스로 어휘를 학습할 수 있습니다. 이때부터는 초반에 뒤떨어졌던 어휘력을 독서를 통해 아이 혼자서도 극복할 수 있습니다. 독서 교육 초기 단계에서는 문어체와 구어체가 섞인 그림책이나 쉬운 책을 부모가 자주 읽어주고 책과 관련된 이야기를 자주 나누는 식으로 접근하면 됩니다.

독서 능력이 발달하면 아이 수준에 맞는 다양한 책을 많이 읽게 하세요. 쉬운 책보다는 아이 수준에 맞거나 조금 어려운 정도가 좋습니다. 독서할수록 어휘력이 점점 늘어 언제 그랬냐는 듯 수준 높은 어휘를 구사하는 아이로 자란답니다.

어휘, 가정에서
이렇게 가르쳐주세요

어휘를 직접 가르칠 때는 쉽고 간결하게 설명해 주는 것이 좋습니다. 아이는 부모가 무심결에 하는 말도 곧잘 따라 하므로 아이 앞에서 무심코 나쁜 말을 하지 않도록 주의해야 합니다.

1. 너는 어떻게 생각하니?

아이가 어려운 말을 물어보면 바로 답을 알려주지 말고 아이 생각을 먼저 물어보세요. 생각할 틈 없이 답을 알려주면 모르는 단어가 나올 때마다 엄마에게만 물어보려 합니다.

저는 수업 시간에 어려운 단어를 가르칠 때 아이들 생각을 모두 듣고 나서야 뜻을 알려주었습니다. 한참 고민한 끝에 답을 듣는 아이들에게서는 '아~ 그렇구나'라는 소리가 터져 나오곤 했습니다.

2. 쉽고 짧게 설명하기

아이가 단어의 뜻을 물어볼 때는 쉽고 짧게 답해 주세요.

유진: 엄마, 인과가 무슨 말이야?

엄마: 원인과 결과라는 두 낱말을 줄여서 만든 말이야.

유진: 원인은 뭔데?

엄마: 일이 왜 일어났는가 하는 거지.

유진: 결과는 뭔데?

엄마: 일이 어떻게 됐나 하는 거지.

📖 3. 다른 예 찾아보기

새로운 어휘를 가르친 다음은 다른 예를 찾아보게 합니다.

엄마: 우리 주변에서 인과라고 볼 수 있는 것은 무엇일까?

유진: 태풍이 불어서 사과가 떨어졌어. 태풍이 분 것이 원인이고, 사과가 떨어진 것은
　　　결과야.

📖 4. 한자어는 한 글자씩 풀어주기

우리말에는 한자어가 많습니다. 국어 시간에만 한자어가 나오는 게 아닙니다. 정수, 유리수, 분수 같은 수학 개념도 모두 한자어입니다. 사회 시간에 배우는 근대화, 민주화 항쟁도, 과학 시간에 배우는 중화, 산성, 염기성도 마찬가지입니다. 한자를 잘 알면 수업 시간에 처음 배우는 낯선 개념도 이해하기 쉽습니다. 그렇다고 해서 한자를 억지로 가르칠 필요는 없습니다. 어른이 한자어를 한 글자씩 풀어서 설명하면 됩니다.

한자어는 같은 글자에서 파생하는 단어가 많습니다. 학생, 학급, 학부모, 학교, 모두 학(學)에서 파생됐습니다. 이런 식으로 파생하는 단어들을 찾게 하면 아이의 어휘 나무에 가지를 치는 일이 더 쉽습니다. 유진이와 『삼국유사』의 「비형랑」 편을 읽을 때였습니다.

유진: 엄마, "모자가 궁에 들어와서 살아라" 할 때 모자가 무슨 뜻이야?

엄마: 너는 무슨 뜻인 것 같아? (아이에게 먼저 묻기)

유진: 글쎄 보니까 엄마하고 아들을 합해서 모자라고 한 것 같아.

엄마: 모는 엄마라는 뜻의 한자야. 자는 아들이란 뜻의 한자고. 엄마라는 뜻의 모가 들어
　　　가는 다른 말은 뭐가 있을까?

유진: 모유(母乳), 부모(父母).

엄마: 아들 자가 들어가는 다른 말은 뭐가 있을까?

유진: 자식(子息), 손자(孫子).

5. 비슷한 말과 반대말 찾아보기

비슷한 말과 반대말을 찾으면 어휘를 확장하는 데 도움이 됩니다. 사전처럼 정확한 답을 말하지 않아도 됩니다. 아이가 말로 표현해 보는 것이 중요합니다.

엄마: 하얗다와 비슷한 말에는 뭐가 있을까?

유진: 희끄무레하다, 허옇다, 새하얗다.

엄마: 하얗다와 반대말에는 뭐가 있을까?

유진: 검다, 새까맣다, 거무스레하다.

6. 나쁜 말은 안 돼요

자주 듣는 어휘를 학습하듯 아이는 나쁜 말도 학습합니다. 아이 주변에 나쁜 말을 하는 이가 있는지 먼저 살펴보세요. 우스개라도 외모를 비하하는 말, 욕, 비속어, 은어 등을 쓰지 않도록 평소에 가르치세요. 말은 습관이기 때문에 꾸준하게 가르쳐야 합니다.

7. 칭찬하고 격려하기

아이를 가르칠 때는 칭찬과 격려를 자주 해야 합니다. 글자에 관심을 보이고 어려운 단어를 깨치는 것은 칭찬받고 격려받아야 할 일입니다. 사랑과 관심으로 친절하게 가르치면 어휘도 쑥쑥 성장합니다.

03

글자는 아는데
책을 더듬거리면서
읽어요

다음 기호는 무엇을 나타내는 것일까요?

ЭЭЖ

몽골어로 '엄마'라는 낱말입니다. 우리가 한글로 엄마라는 낱말을 보는 것과 몽골어로 엄마라는 낱말을 보는 것은 느낌이 전혀 다릅니다. 한글의 엄마는 글자를 보자마자 엄마라는 대상과 글자가 연결됩니다. 왠지 글자만 봐도 뭉클하죠. 그렇지만 몽골어의 ЭЭЖ는 오래 들여다봐도 감흥이 없습니다. 우리에게 몽골어는 그저 낯선 암호이기 때문이죠.

아이가 글자를 읽게 되는 것을 해독(decoding)이라고 합니다. 해독은 글자 그대로 암호를 푼다는 뜻입니다. 글자를 알면 글자와 사물을 연결하고, 사물의 이미지가 떠오르고, 의미를 부여할 수 있게 됩니다. 그전까지는 아무 의미 없던 암호지만 이제 더 이상 암호가 아닙니다.

글자를 배우면 '고양이'를 읽고 털이 복슬복슬하고 "야옹" 하고 우는 귀여운 동물을 떠올릴 수 있습니다. 이것이 해독입니다. 물론 해독을 한다고 해서 독해까지 한 번에 잘하게 되지는 않습니다.

독해에는 해독 말고도 다양한 인지 능력과 언어 능력이 필요합니다. 앞에서 살펴본 어휘력, 구문력, 덩이말 이해력은 물론이고 집중력, 추론 능력, 언어 능력, 기억력, 언어 이해력을 모두 갖춰야 독해를 할 수 있습니다.

학자들은 아이가 글을 읽기까지 여러 발달 단계를 거친다고 말합니다. 처음은 글자를 그림처럼 인지하는 단계입니다. 이때 는 글자를 잘 몰라도 뽀로로 캐릭터 아래에 글자가 있으면 '뽀로로'로 읽습니다.

다음은 음절을 하나씩 읽는 단계로 '뽀로로'를 보고 /뽀/ /로/ /로/ 한 글자씩 읽습니다. 다음 단계에서는 'ㅃ + ㅗ + ㄹ + ㅗ + ㄹ + ㅗ'가 뽀로로라는 글자가 된다는 것을 알고, 자음자 와 모음자 조합이 달라지면 글자가 달라진다는 것도 압니다.

마지막 단계에서는 글자를 보자마자 읽습니다. 굳이 자음자와 모음자를 분석하지 않아도 '뽀로로'를 보면 /뽀로로/라고 읽습니다.

마지막 단계까지 오려면 수많은 언어 경험이 쌓여야 합니다. 읽기가 유창하지 않으면 더듬거리느라 독해에 신경 쓸 겨를이 없습니다. 글자를 보고 더듬거리지 않고 술술 읽을 수 있어야 독해도 잘할 수 있습니다.

글자를 더듬거리면서 읽느라 해독이 잘 안 되면 글에 끝까지 집중할 수 없습니다. 인간의 의지는 에너지와 같아서 앞에서 많이 쓰면 뒤에선 바닥이 나버립니다. 집중이 흐트러지면 책을 읽으면서도 무슨 말인지 이해할 수 없습니다. 이런 일이 반복되면 아이는 책 읽기를 싫어하게 됩니다.

읽기가 유창해지는 가장 좋은 방법은 소리 내서 읽는 것입니다. 우리는 뇌가 많이 들으면 들을수록 더 많은 어휘를 저장한다는 것을 앞에서 이미 다양한 연구로 살펴봤습니다.

부모가 읽어주는 것이든 아이 스스로 소리 내서 읽는 것이든 책을 읽으면서 들은 음성 언어는 언어 경험으로 차곡차곡 쌓입니다.

어휘력이 좋아진 아이는 낯선 단어가 나와도 과거의 언어 경험으로 유추하면서 읽기 때문에 더듬거리지 않고 읽게 됩니다. 해독이 쉬우면 독해도 쉽습니다. 책 읽기가 쉬워지면 아이는 더 많은 책을 찾습니다. 이것이 독서의 선순환입니다.

쉬운 글을 반복해서 낭독하면 읽기가 빠르게 유창해집니다. 읽기가 유창해지면 내용에 더 잘 집중합니다. 집중력과 의지력을 오로지 독해에만 쓰기 때문에 독해도 더 잘할 수 있습니다.

더듬거리면서 읽는 아이에게는 '서당식 읽기'를 가르치세요

　책을 더듬거리면서 읽는 아이는 글자 소리를 정확하게 모르는 경우가 많습니다. 글자와 소리를 충분히 익히지 못한 상태로 대충 넘어왔을 때는 소리 내서 읽는 낭독이 좋습니다. 소리를 크게 내서 읽을수록 더 효과적입니다.

　학교에서는 학기 초에 진단 평가를 합니다. 국어, 수학, 사회, 과학 등 기본적인 교과 성적이 어느 정도 되는지 전년도 문제로 확인합니다. 그런데 문제지를 푸는 것만으로는 아이가 어떻게 읽는지 알 수 없어서 저는 학기 초에 읽기 검사를 따로 했습니다. 거창한 검사는 아니고 1분 동안 교과서를 읽되, 몇 줄을 매끄럽게 읽는지, 몇 글자를 틀리게 읽는지 교사 수첩에 기록하는 것이었습니다.

　저는 많이 더듬으면서 읽는 아이는 교실 맨 뒤에 앉힌 다음 큰 소리로 책을 읽게 했습니다. 서당에서 학동들이 천자문을 소리 내서 외우던 모습을 상상하면 됩니다. 이렇게 큰 소리로 읽는 연습을 꾸준히 하면 글자와 소리의 대응 관계가 서서히 뇌에 새겨집니다.

　큰 소리로 읽는 연습을 할 때는 같은 문장을 반복해서 읽는 게 좋습니다. 저는 주로 읽기나 사회 교과서를 읽혔습니다. 아이가 글자를 잘못 읽거나 몇 글자씩 빼놓고 읽으면 즉시 교정해 줬습니다. 이렇게 같은 문장을 반복해서 꾸준히 읽으면 더듬거리는 횟수가 서서히 줄어듭니다. 일주일이 지난 다음 읽기 검사를 다시 하고 글자를 잘못 읽는 횟수를 기록했습니다.

　한 달만 연습해도 대부분 잘 읽었습니다. 더듬을까 봐 친구들 앞에서 교과서를 읽지 않으려 하던 아이도 큰 소리로 낭독할 수 있었습니다. 어려운 단어가 많은 교과서를 안 틀리고 읽을 수 있게 되면 동화책은 더 쉽게 읽습니다. 낭독이 익숙해지면 시집, 동화책, 동시집, 신문기사 등을 다양하게 읽게 하세요. 동영상으로 촬영해 두면 얼마나 발전하는지 볼 수 있습니다.

공자는 아이가 책 읽는 소리를 군자삼락(君子三樂), 군자의 세 가지 즐거움 중 하나라고 했습니다. 이 즐거운 소리가 가정에서 끊이지 않게 하려면 어떻게 해야 할까요?

📖 인형에게 읽어주기

아이가 아끼는 인형에게 책을 읽어주게 하세요. 혼자 읽는 게 아니라 인형 친구들에게 책을 읽어주는 것이기 때문에 재미있어합니다. 유진이는 자신은 어린이용 작은 의자에 앉고 그 앞에 인형들을 둥그렇게 앉혀 책을 읽어주곤 했습니다. 유치원에서 선생님이 하듯이 책을 보여주는 시늉을 하면서 하루에도 몇 권씩 소리 내서 읽었습니다.

📖 동생에게 읽어주기

유진이는 3학년 때 1학년 동생들에게 책을 읽어주는 봉사활동을 신청했습니다. 어린 동생들에게 그림책을 읽어주느라 집에서도 동화책 읽는 연습을 하기도 했습니다. 책을 읽어줄 대상이 있다고 생각하면 낭독도 지루하지 않습니다. 엄마나 선생님이 읽어주듯이 재미있게 책을 읽어주려 애쓴답니다.

📖 엄마와 번갈아가면서 읽기

문장을 번갈아 읽어도 좋고, 낱말을 번갈아 읽어도 좋습니다. 한 글자씩 읽어도 재미있습니다. 엄마가 함께 번갈아 읽으면 아이가 잘못 읽거나 더듬거릴 때 바로 피드백할 수 있습니다.

어른이 먼저 책 읽는 시범을 보여주세요. 사투리를 쓴다고 해서 주저하지 않아도 됩니다. 천천히 부드럽게 읽는 시범에만 집중하세요. 시범독 다음에는 따라 읽게 합니다. 되도록 천천히 부드럽게 읽으세요.

04

공부가 어렵다고?
교과서를 소리 내서 읽으렴

"선생님, 저는 왜 공부를 아무리 해도 성적이 안 오르죠?"

재희(가명)는 초등학교 6학년이지만 성적으로 고민이 많았습니다. 학교가 끝나면 학원을 세 개씩 다니는 데도 그랬습니다.

"성적이 안 오른다는 게 무슨 뜻이야? 넌 지금도 충분히 잘하고 있는데?"

"전 사회 수업이 너무 어려워요. 무슨 말인지 잘 모르겠고, 자꾸 잊어버려요. 아무래도 전 머리가 나쁜가 봐요. 어떻게 해야 잘 외울 수 있을까요."

초등학생이니까 성적으로 걱정하는 일이 없을 거라고 생각한다면 그건 잘 몰라서 하는 말입니다. 재희처럼 성적 문제로 고민하는 초등학생은 많습니다. 초등학생이 배우는 건 다 쉽지 않냐고 물으면 아이들 입장에선 억울할 겁니다.

무엇보다 사회 과목은 어려운 용어가 자주 등장합니다. 저학년 수업에서는 일상 용어만 알아들어도 충분하지만 중학년 수업부터는 교과나 학습에 자주 쓰는 고효율 용어가 과목마다 등장합니다. 아이들에게 일상 용어가 아닌 말은 생소해서 억지로 외우면 금방 잊어버립니다.

어려운 개념어는 풀어서 설명하고, 아이 말로 다시 설명해 보게 하는 게 좋습니다. 그다음은 반복해서 읽게 하세요.

재희에게 교과서를 읽게 했습니다. 매일 집에서 큰 소리로 사회 교과서를 30분씩 읽게 했습니다. 일기장에 읽은 시간을 '00시 00분~00시 00분'처럼 구체적으로 쓰게 했습니다. 재희는 약속대로 매일 30분씩 사회 교과서를 읽었습니다. 몇 주 지나지 않아 재희는 사회 쪽지시험에서 가볍게 백 점을 맞았습니다. 재희도 친구들도 결과에 많이 놀랐지만 재희 말고도 이 방법으로 결과가 좋았던 아이들은 아주 많습니다.

학습은 의미 있는 반복이 지속될 때 일어납니다. 낭독은 의미 있는 반복을 쉽게 하는 방법입니다. 낭독은 뇌에 긍정적이고 의미 있는 자극을 지속적으로 제공합니다. 책을 소리 내서 읽으면 문자 언어는 뇌에서 음성 언어로 변환됩니다. 뇌는 이때 청각, 시각, 언어, 공간, 기억, 집중, 추론 등을 담당하는 다양한 부위를 활성화합니다. 이 과정이 반복되면 뇌가 학습 내용을 통으로 암기합니다.

오래전에 선비들은 과거 시험을 치르는 게 평생의 과제였습니다. 그런데 과거 시험은 '사서오경'이라는 방대한 분량의 책에서 어떤 구절, 어떤 주제가 나올지 알 수 없었습니다. 많은 책을 통으로 외워야만 치를 수 있는 과거를 준비하면서 선비들은 하나같이 소리 내서 읽는 것을 선택했습니다. 특별한 학습 방법이 없어서 그랬던 게 아닙니다. 책을 외우는 데에는 소리 내어 반복해서 읽는 게 가장 효과적이었기 때문입니다.

영어권 나라에서는 아이들이 어릴 때 셰익스피어나 톨스토이처럼 세계적인 작가들의 작품을 읽게 하는 경우가 많습니다. 어려운 문장도 큰 소리로 반복해서 읽어서 통으로 외우게 하지요.

특별히 어려워하는 교과가 있다면 교과서를 소리 내어 반복해서 읽게 하세요. 교과서를 읽을 때는 아무 데나 펴서 읽으면 안 됩니다. 첫날 1쪽부터 5쪽까지 읽었으면 둘째 날은 1쪽부터 7쪽까지, 셋째 날은 1쪽부터 10쪽까지 읽는 식이어야 읽기 경험이 누적됩니다. 소리 내서 교과서를 몇 번이고 읽다 보면 나중엔 교과서를 통째로 외웁니다. 사회면 사회, 과학이면 과학, 공부가 점점 쉬워집니다.

개념어 사전 만들기로 어휘와 공부를 함께 잡자

언어학자 김영숙은 『찬찬히 체계적·과학적으로 배우는 읽기&쓰기 교육』에서 아이가 자라면서 익히는 말에는 크게 세 가지가 있다고 했습니다.

구분	설명	예
일상 용어	평소에 쓰는 일상적인 낱말	학교, 친구, 식사 등
고효율 용어	일상 용어는 아니지만 교과나 학습에 자주 쓰는 낱말	체온, 육식동물, 수정 등
전문 용어	과학, 교육, 심리 등 특수 분야에서 쓰는 낱말	추상화, 색채감각, 읽기 장애 등

일상 용어는 굳이 가르치지 않아도 아이가 뜻을 잘 압니다. 교사도 수업 시간에 따로 가르칠 필요를 못 느낍니다. 고효율 용어는 수업 시간에 자주 쓰이는 낱말로 교과 학습에서 배웁니다. 정확하게 개념을 배우지 않으면 이를 바탕으로 하는 교과 학습이 어렵습니다. 가장 높은 수준인 전문 용어는 전문가들이 주로 쓰는 용어입니다.

아이가 학교에 들어가면 고효율 용어를 얼마나 정확하게 아느냐에 따라 학습 성취도도 달라집니다. 교과서에는 체온, 호흡, 육식, 초식 등 온갖 고효율 용어가 나옵니다. 일상 용어만 알고 고효율 용어를 모르면 수업을 들어도 정확히 이해하지 못합니다. 제가 가르쳤던 학습이 더딘 학생들은 대부분 고효율 용어를 잘 몰랐습니다.

교과서에서 나오는 고효율 용어는 빠짐없이 알아두는 게 좋습니다. 새로운 고효율 용어만 공책에 따로 정리하는 식으로 어휘 공책을 만들면 더 좋습니다. 이를 한 달에 한 번씩 가나다순으로 정리하면 나만의 어휘 사전을 만들 수 있습니다. 어휘 사전은 한번 만들면 두고두고 쓸 수 있습니다.

저는 학생들에게 한 달에 한 번씩 새롭게 알게 된 어휘만 모아서 '나만의 개념어 사전'을 만들게 했습니다. 개념어 사전으로 어휘를 정리하고 공부하면 낱말을 몰라서 교과 학습이 부진할 일이 없습니다.

개념어 사전을 만들 때 정확한 사전적 정의가 아니라 아이 말로 다시 표현해 보는 게 중요합니다. 내 말로 설명하지 못하면 아직 배운 것이 아닙니다. 아무 단어나 골라서 물어보고 아이가 설명을 잘 못하면 다시 가르쳐주세요.

📕 나만의 개념어 사전 만들기

준비물 A4 용지 5장, 여러 색깔 사인펜

1. A4 용지 5장을 2cm씩 차이 나게 포갠 다음 반으로 접습니다.

2. 계단 모양으로 접힌 한쪽 끝에 ㄱ, ㄴ, ㄷ 등을 표시합니다.

3. 공책에 정리했던 개념어들을 ㄱ부터 순서대로 써나갑니다.

4. 표지에 이름을 멋지게 쓰게 하세요. 나만의 개념어 사전이 완성됩니다.

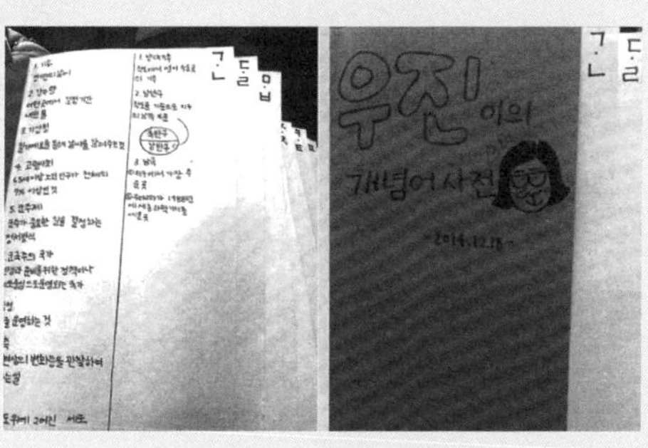

글자를 알면서도
책을 읽어달라고
한다면

유진이와 성연이는 글자를 깨친 다음에도 한동안 책을 읽어달라고 했습니다. 혼자 읽으면 얼마나 좋을까 생각하면서도 아이가 책을 가져올 때마다 읽어줬습니다.

글자를 깨쳤다고 해도 처음엔 혼자 책을 읽기에는 해독 능력이 떨어집니다. 이때 부모가 정확한 발음으로 읽어주면 아이는 힘들게 읽지 않아도 됩니다. 더듬거리며 책을 읽을 시간에 귀로 듣고 머리로는 마음껏 상상하면서 글을 이해합니다. 읽기가 유창해질 때까지는 해독 능력이 우수한 부모가 천천히 부드럽게 읽어줘야 아이가 글자 읽기가 아닌 내용에만 집중할 수 있습니다.

아이는 듣기 이해력이 읽기 이해력보다 앞설 때 책을 읽어달라고 합니다.

1장 '읽기, 제대로 알고 시작하자'에서 우리는 아이가 어릴수록 얼마나 열심히 듣는지 살펴보았습니다. 듣는 것으로 어휘를 배우고 언어를 습득하는 아이로서는 듣기보다 잘하는 게 없습니다.

독서 초기 단계에는 들어서 이해하는 것이 읽어서 이해하는 것보다 쉽습니다. 읽기 이해력이 듣기 이해력을 앞지를 때까지는 듣는 독서에 비중을 더 두는 것이 자연스럽습니다. 의학박사 김영훈은 『압도적인 결과를 내는 공부 두뇌』에서 초등학교 6학년까지는 부모가 책을 읽어주면 효과가 크다고 말합니다. 이럴 경우 부모의 배경지식 때문에 아이 혼자 읽는 것보다 5배 이상 이해할 수 있다는 것입니다.

아이가 글자를 깨친 다음에도 책을 읽어달라고 하면 지금은 듣는 독서에 비중이 더 크다 생각하고 마음 편히 읽어주세요.

이때 아이가 글자를 아니까 어려운 내용도 곧잘 이해하겠지 생각하고 어려운 책을 읽어주면 안 됩니다. 쉬운 어휘와 간결한 문장으로 된 책이 좋습니다. 들어서 무슨 말인지 이해하지 못하는 내용은 읽어서도 이해하지 못합니다.

언어학자 리니아 에리(Linnea Ehri)는 유창성을 높이는 가장 좋은 방법으로 음성 언어로 들었을 때 이해할 수 있는 글을 스

스로 읽는 것을 꼽습니다.[25]

글자가 적고 어휘가 쉬운 그림책이 독서 초기 단계에서는 효과적입니다. 아이 수준은 3학년인데 사주는 책은 4학년 수준이면 어떻게 될까요. 어휘나 문장을 이해하지 못하니 책이 재미없습니다. 책장에 안 읽은 책이 그대로 쌓일 겁니다. 그보다는 차라리 수준에 맞는 쉬운 책을 반복해서 읽는 것이 낫습니다.

대한민국 공부 멘토라고 불리는 공신 강성태는 한 강연에서 이렇게 말했습니다.

"공신 멘토 가운데 영어를 아주 잘하는 친구가 있어요. 토익 만점을 받는 친구예요. 이 친구가 영어 공부를 잘하게 된 비법이 있어요. 이 친구는 영어 소설을 아주 많이 읽었어요. 그런데 그냥 읽는 게 아니에요. 책을 펴서 모르는 단어가 많으면 집어던지고 더 쉬운 책을 찾아서 읽었다고 해요. 술술 읽을 수 없는 책이면 다시, 다시, 다시, 자기가 읽기 쉬운 책을 찾는 거죠. 그리고 그 책을 몇 번이고 읽고 완벽하게 자기 것으로 흡수했다고 해요. 그다음엔 그보다 살짝 높은 수준의 책을 찾아서 읽었고요."

독해의 비밀을 이보다 쉽게 설명한 말도 없다고 생각합니다. 독해의 비밀은 자신의 수준에 맞는 책을 반복해서 읽는 데 있습니다. 수준에 맞는 책을 많이 읽으면 영어도 쉬워지는데 한

글은 오죽할까요.

책을 많이 읽으면 관용 표현, 속담, 어려운 어휘, 맥락까지 이해할 수 있게 됩니다. 자연스럽게 어려운 문장과도 친해집니다. 줄거리를 이해하는 독서에서 상황과 맥락을 이해하는 독서로 나아갑니다. 보물찾기하듯이 작가의 의도와 생각을 파악하고 이해할 수 있는 독해력을 갖게 됩니다. 그때까지는 꾸준한 지도와 보살핌이 필요합니다.

최근 한 카페가 사과문을 SNS에 올리며 이런 문장을 사용했습니다.

"예약 과정 중 불편을 끼쳐 드린 점, 다시 한 번 심심한 사과를 드립니다."

이 문장을 읽고 어떤 이는 "심심한 사과? 난 하나도 안 심심하다"라는 댓글을 달았습니다. 맥락상으로는 '깊은 사과를 드린다'는 뜻이지만, 글자 그대로 읽어 '지루하다'는 의미로 이해했기 때문에 벌어진 일이었습니다. 맥락적 독해란 바로 이런 것을 말합니다.

독해에는 배경지식도 매우 중요합니다. 읽기에서는 스키마 이론(schema theory)이라고 합니다. 스키마는 배경지식을 말하는데, 글을 읽을 때 배경지식이 많으면 쉽게 이해할 수 있고, 지식을 확장해 가는 것이 어렵지 않다는 이론입니다. 독서하는 동안 아이는 기존에 갖고 있던 지식과 정보를 바탕으로 새로 알게 된 정보와 지식을 합산합니다. 반대의 경우도 성립합니다. 배경지식이 전혀 없는 책은 한없이 어렵지요.

성연이와 유진이가 어릴 때 수학 동화 전집을 샀습니다. 그런데 두 아이 모두 수학 동화를 좋아하지 않았습니다. 책을 읽어줄 때마다 재미없다면서 다른 책을 읽어달라고 했습니다. 수학적인 기초가 없어서 이해하기 어려웠던 겁니다. 아이들이 기초적인 수 개념과 지식을 어느 정도 쌓은 다음에는 같은 책을 잘 읽었습니다. 독해를 잘하려면 폭넓은 배경지식도 꼭 필요합니다.

배경지식을 쌓으려면 여러 가지 경험과 체험을 많이 해보는 것이 좋습니다. 박물관이나 미술관을 여러 군데 데리고 다니면서 많은 것을 보여주고 들려주는 게 도움이 됩니다. 책으로만 읽으면 관심 없는 내용도 직접 가서 보고 들으면 관심을 갖게 됩니다.

이렇게 다양한 이유로 글자를 알긴 해도 아직 해독 능력, 배경지식, 맥락 이해, 추론 능력 등이 부족한 아이는 부모에게 책을 읽어달라고 합니다. 충분한 능력이 갖춰질 때까지는 곁에서 끝없이 읽어주고 또 읽어주면서 가르치고 도와주어야 하겠지요.

원 페이지 인문학

하루 5분이면 충분한 실천 인문학

김익한 지음 | 값 19,900원

하루 한 장의 생각으로 단단해지는 내일 '아는 것'이 아니라 '사는 것'을 제안하는 365일 실천 인문학 하루 한 페이지, 5분이면 충분한 성장의 시간!

김형석, 백 년의 유산

106세 철학자가 길어 올린 최후의 인간학

김형석 지음 | 값 22,000원

"백 년의 사유가 담긴 우리 시대 마지막 유산"
기네스 공식 인증, 현존 인류 최고령 저자
김형석 교수가 전하는 '만년(萬年)의 교양'

법의학자 유성호의 유언 노트

후회 없는 삶을 위한 지침서

유성호 지음 | 값 19,900원

"죽음을 떠올릴 때 삶은 더 선명해진다"
매주 죽음을 만나는 서울대 유성호 교수가 일 년에 한 번 '유언'을 쓰며 발견한 인생의 진정한 가치와 의미, 어떻게 살아가야 할 것인가에 관한 고민과 성찰!

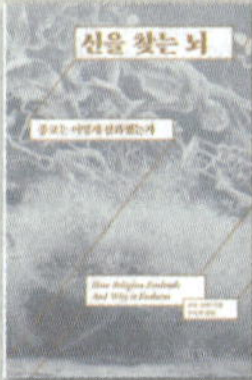

Philos 038

신을 찾는 뇌

종교는 어떻게 진화했는가

로빈 던바 지음 | 구형찬 옮김 | 값 30,000원

'던바의 수' '사회적 뇌' 사회성 연구의 대가 로빈 던바,
종교에 대한 과학적 연구 20년의 결정판
다학제간연구로 종교의 기원과 진화 목적을 밝히다

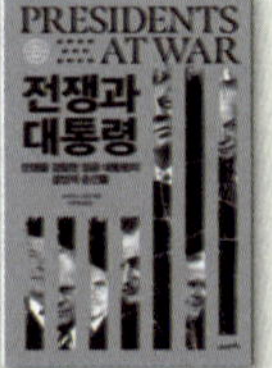

그레이트하모니 007

전쟁과 대통령

전쟁을 경험한 일곱 대통령의 결정적 순간들

스티븐 M. 길런 지음 | 값 48,000원

2차대전은 어떻게 대통령들의 세계관을 형성했는가. 아이젠하워부터 조지 H. W. 부시까지 '참전 시대' 대통령 7인의 일대기!

설득자

부, 성공, 행복이 따르는 설득 비법

정흥수 지음 | 값 22,000원

"듣게 하고, 믿게 하고, 움직이게 하라!"
인간관계부터 리더십·협상·사업까지,
사람의 마음을 움직이는 실전 설득법

80/20 법칙 · 80/20 법칙(행동편)

적은 노력으로 크게 성취하는 불변의 진리

리처드 코치 지음 | 각권 24,000원

"사소한 것에 매달리지 마라, 모든 것을 결정 짓는 20%에 몰두하라"
당신의 일상을 완전히 바꾸어 줄 간단한 효율의 과학
최소 노력으로 최대 성과를 내는 똑똑한 일상 설계법

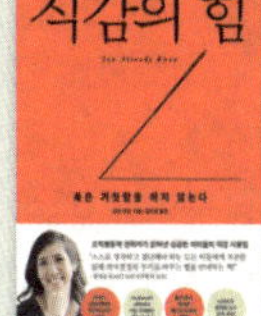

직감의 힘

촉은 거짓말을 하지 않는다

로라 후앙 지음 | 값 19,900원

"성공한 리더들은 왜 직감을 단련하는가?"
조직행동학 권위자가 수천 명의 리더 인터뷰로 밝혀낸
무의식의 신호를 포착해 더 빠르고 좋은 결정을 내리는 법

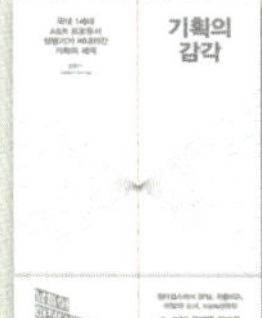

기획의 감각

국내 1세대 A&R 프로듀서 정병기가 써내려간 기획의 세계

정병기(Jaden Jeong) 지음 | 값 18,900원

"남들이 미쳤다고 말할 때 기획은 완성된다!"
원더걸스에서 2PM, 러블리즈, 이달의 소녀, tripleS까지
K-POP 업계를 뒤바꾼 기획자의 시선, 그 혁신적 감각에 대하여

브라이언 트레이시 자기 확신론, 브라이언 트레이시 시간 관리론

위대한 행동주의자의 성공 원칙 시리즈

브라이언 트레이시 지음 | 각권 20,000원, 22,000원

"당신이 할 수 있는 것, 될 수 있는 것, 이룰 수 있는 것에는 한계가 없다!"
현존하는 인물 중 세계에서 가장 영향력 있는 자기계발 전문가
브라이언 트레이시의 성공 법칙 실천편!

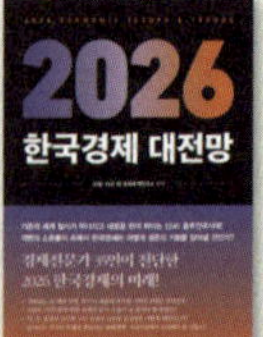

2026 한국경제 대전망
2026 ECONOMIC ISSUES & TRENDS

오철·이근 외 경제추격연구소 지음 | 값 24,000원

"경제전문가 35인이 진단한 2026 한국경제의 미래!"
기존 질서가 무너지고 새로운 판이 짜이는 신 춘추전국시대! 경제 대전환의 시기에 꼭 읽어야 할 대한민국 최고 경제전문가 35인의 미래 인사이트

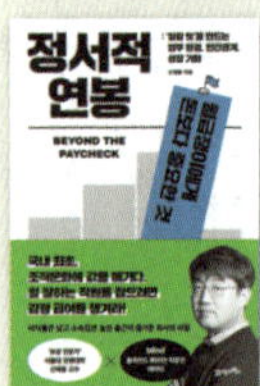

정서적 연봉
월급쟁이에게 돈보다 중요한 것

신재용 지음 | 값 22,000원

"인재가 구글에 가는 건 못 막더라도
경쟁사에 뺏겨서는 안 되지 않겠는가?"
국내 최초, 조직문화에 값을 매기다.
일 잘하는 직원을 잡으려면 감정 급여를 챙겨라!

Philos 040
자유의 길
경제학은 어떻게 좋은 사회를 만들 수 있는가

조지프 스티글리츠 지음 | 이강국 옮김 | 값 34,000원

자칭 '자유의 수호자'들은 어떻게 자유를 억압해 왔는가?
오늘날 가장 오남용되는 문제적 개념, 노벨상 수상 경제학자의 눈으로 바라본 자유

대한민국, 넥스트 레벨 2
철학·정치·사회·경제·통섭 최고 전문가 17인의 국가 재설계 제안

코리아다이나미즘포럼 편저 | 값 28,000원

"분열의 시대에 다시 함께 사는 법을 묻다!"
한국 사회 대전환의 5대 실천 코드 새롭게 일어설 대한민국을 위한 전문가 17인의 제언

초연결 지구에서 무역하라
무역은 사라지고, 연결만 남는다

양송이·최건식 지음 | 값 17,000원

"이 시대 수출은 '보내는 것'이 아니라 '보이게 하는 것'!"
수출에 대한 고정관념에서 탈피하고 전통적 수출 방식에서 벗어나
디지털 생태계 속 새로운 무역의 길을 제시한다.

언제까지 읽어줘야 할지 질문하는 분도 많은데, 부모가 읽어주는 것보다 아이가 직접 눈으로 읽는 게 빨라지는 때가 옵니다. 그때는 엄마가 읽어주겠다 해도 필요 없다고 말합니다. 그때까지만 책을 읽어주면 됩니다.

다섯 손가락 꼽기로
아이 스스로 책을 고르게 하세요

책을 좋아하지 않는 아이라면 함께 서점 데이트를 하실 것을 추천합니다. 저는 책을 싫어하는 학생들만 모아서 독서클럽을 운영하곤 했습니다. 주말에 서점이나 도서관에 데려갔는데, 1년이 지나면 독서클럽 아이들 모두 독서광이 되었습니다.

서점이나 도서관에 자주 가면 아이 스스로 책을 고를 기회가 생깁니다. 자기 수준에 맞는 책을 직접 고르는 방법을 가르칠 수 있고 엄마도 책을 실컷 구경할 수 있으니 그야말로 일석이조입니다. 아이 혼자서 책을 고를 수 있는 방법을 3단계로 나누어 소개합니다.

📖 1단계: 흥미 있는 분야인가?

책을 고르게 하면 따로 설명하지 않아도 흥미 있는 분야를 위주로 고릅니다. 책과 친해질 때까지는 흥미 있는 책을 읽어야 합니다. 저는 아이가 좋아하는 책 다섯 권에 흥미 없는 책 하나를 살짝 끼워서 읽혔습니다.

📖 2단계: 수준에 맞는가? 다섯 손가락 꼽기

아이 스스로 책을 고르는 가장 쉬운 방법입니다. 아무 쪽이나 펼쳐서 모르는 단어가 나올 때마다 손가락을 꼽아보게 합니다. 이 '다섯 손가락 꼽기'는 초등학교 1학년 1학기 국어과 교사용 지도서에도 소개된 바 있습니다. 구체적인 방법은 다음과 같습니다.

1. 책을 펴서 아무 쪽이나 조용히 읽습니다.

2. 어려운 단어가 나올 때마다 손가락을 꼽습니다.

3. 손가락을 하나나 두 개 꼽으면 쉬운 책입니다. 동생에게 읽어줄 책입니다.

4. 손가락을 다섯 개 넘게 꼽았다면 어려운 책입니다. 내려놓는 게 좋아요.

5. 손가락을 서너 개 꼽은 책이 아이가 읽기 적당합니다. 읽으면서 새롭게 어휘를 배우기도 하고, 모르는 어휘가 나와도 추측하면서 읽을 수 있습니다.

3단계: 친구에게 추천할 만한 책인가?

친구에게 추천할 만한 책인지 생각하게 합니다. 친구와 함께 읽을 책인지 따져보면 진짜로 좋은 책인지 한 번 더 고민할 수 있습니다. 좋은 책은 공격적이거나 폭력적이지 않고 아름다운 가치관을 다룹니다. 다른 사람과 나눌 만큼 좋은 책을 사야 다음에 또 읽습니다.

4장

독서 수준별 솔루션 3단계

다양하게 읽기

읽는 목적이 다르면
읽는 방법도 달라야 한다
정보를 전달하는 글 VS 감상을 위한 글

우리는 보통 책을 읽는 방법이 하나 밖에 없다고 생각합니다. 그냥 읽는 것이지요. 읽고 또 읽다 보면 저절로 잘 읽게 된다고 생각하기 때문에 많은 분이 독서교육을 단순히 많이 읽히는 데에 초점을 두는 오류를 범하는 것이기도 하고요. 그런데 세상 모든 일이 쉬운 방법이 있고, 원리가 있듯이 읽기도 그러합니다.

저는 책을 마흔 권 썼습니다. 정보 중심의 글인 비문학 책도 많이 썼고, 감상 중심의 글인 문학 책도 많이 썼습니다. 두 가지 분야의 책을 모두 쓰는 작가이기 때문에 어떤 식으로 독자가 읽길 기대하고 책을 쓰는지 잘 압니다. 독자들이 쉽게 이해할 수 있도록 작가이자 선생의 관점으로 설명드리겠습니다.

크게 두 가지로 나누어 보겠습니다. 하나는 감상을 위한 읽기이고, 하나는 정보를 얻기 위한 읽기입니다. 요리책은 정보를 얻으려 읽고, 소설책은 감상을 위해 읽습니다. 요리책을 소설책처럼 읽으면 안 되고, 소설책을 요리책처럼 읽어선 안 됩니다. 작가가 의도한 것의 반의 반도 못 얻고 책을 덮을 테니까요.

수능을 준비하는 고등학생이든 이제 막 읽기를 시작한 초등학생이든 읽기는 이런 범주로 이해해야 합니다. 정보를 전달하는 글은 핵심이 무엇인지 빠르게 파악해서 이해하는 것이 중요합니다. 반면 감상을 하기 위한 글은 맥락을 이해하고 줄거리라는 서사의 흐름을 따라갈 수 있어야 하며, 공감과 느낌에 초점을 두는 읽기여야 하지요.

정보성 글 읽기

정보성 글은 설명문, 논설문, 신문기사, 교과서 같은 글입니다. 이런 글을 읽을 땐 핵심 질문이 하나라고 생각하면 쉽습니다.

이 글은 무엇을 말하려고 하는가?

정보성 글은 처음부터 끝까지 꼼꼼하게 읽지 않아도 괜찮습니다. 순서대로 읽는 것보다 전체적인 구조를 파악해서 빠르게 읽는 것이 더 효과적입니다.

읽기 전에 이렇게 해보세요

본문을 읽기 전에 제목, 소제목, 그래프, 사진 설명을 먼저 훑어보세요. "아, 이 글은 대충 무슨 내용이겠구나" 하는 그림을 머릿속에 먼저 그리는 것입니다. 아이와 함께 읽는다면 "이 글이 무슨 이야기일 것 같아?"하고 읽기 전에 물어보세요. 글을 예측하는 것만으로도 책을 읽을 때의 집중력이 달라집니다.

읽는 중에 이렇게 해보세요

각 문단에서 가장 중요한 문장인 중심문장에 밑줄을 그으면서 읽습니다. 모르는 단어가 나오면 그냥 넘어가지 말고 동그라미를 칩니다. 나중에 모르는 단어를 한꺼번에 찾아보는 것이 독서할 때 흐름을 끊지 않으면서도 어휘력을 키우는 방법입니다. 아이가 어리다면 "이 부분에서 가장 중요한 말이 뭐야?" 하고 함께 찾아봐도 좋습니다.

읽은 후에 이렇게 해보세요

다 읽고 나서 책을 덮고 한 문장으로 요약해보게 합니다. "이 글은 ○○에 대해 ○○라고 말하고 있다." 이 한 문장이 완성되면 제대로 읽은 겁니다. 아이와 함께라면 노트에 적어보거나 서로 번갈아 요약한 문장으로 말해보게 합니다. 요약은 이해의 가장 강력한 증거입니다.

감상하는 글 읽기

감상은 동화, 소설, 시, 에세이, 편지 같은 글을 말합니다. 이때는 핵심 질문이 달라져야 합니다.

이 글은 내 마음에 무엇을 남겼는가?

이런 글은 정답을 찾는 읽기가 아닙니다. 빠르게 정보를 뽑아내려 하면 오히려 놓치는 게 많아집니다. 천천히, 깊이 느끼는 것이 핵심입니다.

읽기 전에 이렇게 해보세요

표지를 오래 들여다보세요. 그림책이라면 그림만 먼저 훑어보고, 소설이라면 제목과 표지 그림을 보면서 어떤 이야기일지 상상해보면 좋습니다.

아이와 함께라면

"표지에서 어떤 느낌이 들어?"

"왜 표지가 이런 그림일까?"

"주인공은 누구일까?"

"표지에서 왜 이 그림은 크게 그렸을까?"

"제목은 왜 이렇게 지었을까?"

"작가는 어떤 사람일까?" 등을 물어보세요. 이런 간단한 질문들이 아이를 이야기 속으로 끌어당깁니다.

읽는 중에 이렇게 해보세요

마음에 남는 장면이나 인상 깊은 문장이 나오면 멈추세요. 왜 마음에 걸리는지, 왜 그 부분에서 멈췄는지 생각해보는 것만으로도 읽기의 깊이가 달라집니다. 포스트잇을 붙여도 좋고 여백에 짧게 메모해도 좋습니다.

아이와 함께 읽는다면

"내가 주인공이라면 어떻게 했을까?"

"이 주인공의 마음이 이해돼?"

"주인공은 왜 이런 선택을 했을까?"

"네가 주인공이라면 이 장면에서 어떻게 할 것 같니?"

"앞으로 어떤 일이 벌어질까?"

같은 질문을 중간 중간 던져봅니다. 이야기를 깊이 이해하는 기회가 됩니다.

읽은 후에 이렇게 해보세요

다 읽고 나서 바로 덮지 마세요. 잠깐 멈추고 책의 향기와 여운을 느껴보세요. 가장 마음에 남는 문장 하나를 고르는 황금문장 찾기, 주인공에게 짤막한 문자 보내기, 이야기의 결말을 바꿔보기 등 다양한 방법으로 생각하고 느껴볼 기회를 갖는 게 좋습니다. 어떤 식으로든 감상을 남기는 습관은 생각을 한 번 더 해보게 하고, 생각을 표현할 수 있는 힘이 되어줍니다.

정보성 글은 머리로 읽고, 감상하는 글은 마음으로 읽습니다. 아이에게 읽기를 가르칠 때 이 차이를 알려주는 것만으로도 독서의 결과 깊이가 사뭇 달라집니다.

책은 안 읽고
스마트폰과
유튜브만 봐요

저는 76년생입니다. 어린 시절 저녁에 텔레비전에서 해주는 만화영화가 얼마나 재미있었는지 밖에서 놀다가도 만화영화 할 시간이면 집으로 달려갔습니다. 유진이도 열한 살 때부터 이미 패드, 스마트폰, 유튜브가 일상이었습니다. 궁금한 게 있으면 포털 사이트에서 검색하고 초등학생 유튜버 간니닌니 자매가 올린 영상을 보면서 슬라임을 어떻게 샀고 노는지 배웠습니다.

좋아하는 대상에 푹 빠졌다는 점에서 유진이는 어린 시절의 저와 똑같습니다. 차이가 있다면 저는 다음 날까지 기다려야 만화영화를 볼 수 있었고 유진이는 기다리지 않아도 된다는 것입니다. 얼핏 사소해 보이는 이 차이야말로 우리가 스마트폰에 빠진 아이를 지도할 때 가장 주의 깊게 살펴야 할 부분입니다.

주의력 전문가 루시 조 팔라디노(Lucy Jo Palladino) 박사는 인간의 사고가 크게 두 가지로 나뉜다고 말합니다. 의도하지 않아도 되는 비자발 주의(involuntary attention)와 스스로 주의를 기울이는 자발 주의(voluntary attention)입니다. 인간은 그때그때 사고를 전환합니다. 이를테면 우리는 잘 아는 길을 운전할 때는 주변을 신경 쓰지 않다가(비자발 주의), 방향을 꺾어야 할 때가 오면 길을 살피기 시작합니다(자발 주의).

학습은 자발 주의와 관련 있습니다. 아이는 배우는 내용에 의도적으로 주의를 기울여야 하고 잘 배우기 위해 최선의 방법과 전략을 선택해야 합니다. 적절한 선택을 하고 필요한 일에 집중하는 힘을 가진 아이가 공부도 잘합니다.

매일 유튜브를 보면 자발 주의가 길러질까요? 물론 아닙니다. 유튜브를 아무리 열심히 봐도 조용히 사색하거나 학습하는 능력이 길러지지 않습니다. 유튜브를 보거나 만화를 보는 것은 비자발 주의에 해당하기 때문입니다. 단순한 정보를 쉽게 얻는 데에는 유튜브보다 나은 게 없지만 우리가 기대하는 논리적인 사고력과 자기 조절력은 얻을 수 없습니다.

팔라디노 박사는 『스마트폰을 이기는 아이』에서 부모와 교사가 아이에게 자발적인 주의를 기울이는 힘, 즉 자발 주의력을 길러주어야 한다고 충고합니다. "디지털 기기를 꺼야 할 때 스스로 끄는 능력이야말로 아이가 배워야 하는 가장 중요한 디지털 능력이다"라는 그의 말은 매우 의미심장합니다. 그는 자기 조절력, 만족 지연, 자기 통제력 등은 자발 주의력과 같은 뜻으로 쓰인다고 말합니다.

많은 초등학생을 가르쳐본 저는 팔라디노 박사의 말에 전적으로 공감합니다. 저는 '통제'가 다른 말로 '선택'이라고 생각합니다. 어떤 것을 선택해야 할지 알고 의도적으로 좋은 선택을 하려 애쓰는 것이 자발 주의력이자 자기 통제력입니다.

공부 잘하는 아이들은 복습하기, 독서하기, 학습일지 쓰기 같은 영리한 선택을 합니다. 그들이 좋은 선택을 하는 동안 선택하지 말아야 할 것을 선택하는 아이도 있습니다. 그런 아이들은 밤늦게까지 게임하기, PC방 꼬박꼬박 가기, 시도 때도 없이 SNS 하기, 필기하지 않고 딴 생각하기 등을 선택합니다. 공부 잘하는 아이들이 딴짓을 하다가도 해야 할 일로 금방 돌아오는 것과는 나르지요.

자발 주의를 길러주어야만 학습도 잘할 수 있습니다. 집중하는 힘을 기르지 않고서는 책을 읽을 수 없습니다. 유튜브에서 주는 쉽고 단순한 정보에만 계속 눈길을 주면 진짜 깊이 있는 사고와 통찰력 있는 지혜를 기르는 것은 불가능합니다. 손쉽게 얻는 것은 손쉽게 잃습니다. 지금부터라도 아이에게 스마트폰을 끄는 힘을 길러주어야 할 것입니다.

구본형 작가는 『구본형의 그리스인 이야기』에서 스마트폰을 판도라의 상자에 비유했습니다. 한 번 열린 판도라의 상자는 닫을 수 없습니다. 스마트폰의 강렬한 매혹을 이겨내지 못한다면 아이는 책을 읽지 않을 것입니다.

디지털 세상에서 살아가야 하는 아이가 어떻게 해야 현명하게 디지털 기기를 활용할 것인지 깊이 고민해야 합니다. 디지털 세상에서 아이가 책임감 있는 행동을 하도록 가르치는 것은 부모와 교사의 의무입니다.

아이 스스로 스마트폰을 끌 수 있을까?

'마시멜로 실험'이라는 매우 유명한 실험이 있습니다. 인간의 의지력을 실험한 연구입니다. 실험팀은 먼저 다섯 살 아이들이 가장 좋아하는 간식을 설문했고, 아이들은 마시멜로라고 답했습니다. 실험팀은 다섯 살 아이를 방에 들어가게 한 다음 말합니다.

"만약 이 마시멜로를 먹지 않고 15분만 참으면 두 개를 줄 거야."

어떤 아이들은 마시멜로를 보자마자 먹어버렸고 어떤 아이들은 15분을 참았습니다. 마시멜로의 유혹을 참은 아이들을 따로 추적 연구한 결과, 이 아이들은 학업 성취도가 높았고, 좋은 직장을 구하는 일에서도 그렇지 않은 아이보다 우수한 결과를 냈다고 합니다. 보통은 이 연구 결과에만 초점을 두지만 어떻게 유혹을 참을 수 있었는지도 매우 중요합니다.

마시멜로를 먹지 않고 참은 아이들은 나름의 전략을 이용했습니다. 다섯 살 아이가 생각해낼 수 있는 것이니 크게 대단한 것은 없습니다. 아이들은 발가락 꼬기, 숫자 세기, 다른 곳 쳐다보기, 노래 부르기 같은 전략을 써서 15분을 참았습니다. 다섯 살 아이가 전략적으로 유혹을 이겨냈다면 초등학생도 할 수 있습니다. 자기 통제력을 길러 스스로 스마트폰을 끄도록 지도하는 진략들을 소개힙니다.

📖 1. 디지털 규칙을 정해라

가족 모두가 동의하는 디지털 규칙을 세워보세요. 정해진 시간 말고는 디지털 기기를 사용하지 않기로 함께 노력해 보세요.

특히 아이가 공공장소에서 떠들어도 디지털 기기를 주면 안 됩니다. 초등학생이라면 1학년 입학 때부터 귀에 못이 박히게 공중도덕을 지키도록 학교에서 가르칩니다. 도서관이나 식당처럼 여럿이 함께 이용하는 장소에서 떠들면 안 된다는 건 아이들도 잘 압니다. 학교에선 당연하게 혼나는 일이 가정에선 디지털 기기를 사용할 구실이 돼버리면 안 됩니다. 공중도덕을 학교와 일관되게 지도한다는 점에서도 아이에게 양보하면 안 되는 부분입니다.

📖 2. 땀 흘리는 일을 하라

『운동화 신은 뇌』라는 책에는 아침마다 헐떡거릴 정도로 달리기를 시킨 다음 성적이 눈에 띄게 향상된 미국 고등학교 사례가 나옵니다. 땀 흘릴 정도로 뛰고 달리는 것은 스마트폰과 멀어지는 가장 좋은 방법입니다. 부모님도 아이와 산책을 나갈 때는 스마트폰을 집에 두고 가세요. 걸려오는 전화를 못 받을까 염려하지 마세요. 아쉬운 전화는 다시 오게 돼 있습니다.

📖 3. 구체적인 목표를 상기하라

아이 스스로 해야 할 일이 있는데도 하지 않고 있다는 걸 깨닫는 게 중요합니다. 부모가 지적하는 것보다 스스로 떠올리도록 돕는 게 좋습니다. "스마트폰 하지 말고 숙제부터 하라고 했지?" 하는 식으로 다그치는 것보다 "오늘까지 네가 해야 할 일이 뭐라고 했지?"라고 물어보세요.

📖 4. 불만이 생길 수 있다는 걸 인정하라

디지털 기기의 강한 자극에 길들여진 아이가 하루아침에 책을 읽지는 않습니다. 참고 인내해야 하는 상황이 얼마든지 불만스럽고 짜증스러울 수 있습니다. 아이가 짜증낼 때 화내는 대신 "엄마가 스마트폰 못 하게 해서 짜증 났구나. 그럴 수 있어. 괜찮아. 그렇지만 약속대로 엄마는 스마트폰을 허용하지 않을 거야. 어떻게 하면 좋을지 네가 먼저 말해봐"라고 하세요. 아이가 울면서 스마트폰을 하고 싶다고 해도 흔들리면 안 됩니다. 원칙을 세웠으면 그대로 지켜야 원칙이 됩니다.

📖 5. 욕구를 말로 표현하라

아이들은 유튜브를 보고 싶다고 말하는 대신 "아, 지루해. 진짜 심심하다"라고 말합니다. 이때 스마트폰을 내어주면 지도는 원점으로 돌아갑니다. 지루한 것도 견딜 수 있어야 한다고 말하세요.

지루하지만 유익한 일은 아이 삶에 아주 많습니다. 독서, 공부, 선생님 말씀, 글쓰기 모두 익숙해질 때까지는 지루합니다. 지루함을 디지털 기기로 해결하는 것은 "마시멜로를 먹고 싶은 대로 먹으렴"이라고 말하는 것과 똑같습니다. "지루하니? 그럼 다른 일을 찾아봐. 찾아내면 엄마한테도 말해 줘"라고 이야기하세요.

📖 6. 스크린 타임 총량제를 실천하라

패드, 스마트폰, 컴퓨터, 텔레비전 등의 스크린을 들여다보는 시간을 스크린 타임(screen time)이라고 합니다. 아이들과 일주일치 스크린 타임 총량을 정해보세요. 일주일간 스크린 타임으로 쓸 시간을 정한 다음 어떻게 분배할지 스스로 계획하고 지키게 하세요.

예를 들어 스크린 타임으로 일주일에 10시간(월~목요일 1시간, 금요일 2시간, 토요일 4시간)을 쓰겠다고 하면 약속한 시가마큼 이터넷이든 유튜브든 허용해 줍니다. 아이가 시간 약속을 잘 지키면 총량을 줄여갑니다. 아이들은 시간 개념이 어른처럼 확실치 않아서 시간 총량을 조금씩 줄이면 체감하는 충격이 덜합니다.

가족이 함께 스크린 타임 총량제를 실천하면 더 많은 일을 함께할 수 있습니다. 가족들 각자 스마트폰을 들여다보거나 인터넷에만 빠져 있지 말고, 총량제에서 모은 시간으로 함께 이야기 나누고 산책하는 시간을 가져보세요.

📖 7. 유혹을 견디면 함께 기뻐하라

약속대로 스크린 타임을 통제했다면 꼭 칭찬해 주세요. 스마트폰 대신 책을 폈다면 그날은 고기반찬이라도 해주셔야 합니다. 아이가 스스로 통제했다는 건 앞으로 무슨 일이든 해낼 준비가 됐다는 뜻입니다. 몇 번 지도하고 알아서 잘하겠지 마음 놓아도 안 되지만, 아이가 보인 좋은 변화가 당연하다고 생각해도 안 됩니다. 기특하게 여기고 꾸준히 격려해 주세요.

어른도 스마트폰을 적절하게 통제하기 어렵습니다. 극단적인 사례지만 게임 중독에 빠진 이십 대 부부가 아기를 방치해서 굶겨 죽인 사례도 있습니다. 어른도 너무 재미있어서 손에서 못 놓는 스마트폰을 초등학생이 약속대로 껐다는 것은 대단한 발전입니다.

예 유진이네 스크린 타임 총량제

목표 시간	월	화	수	목	금	토	합계	반성
아빠 (10시간)	1시간	1시간	1시간	1시간	2시간	4시간	10시간	잘함
엄마 (11시간)	2시간	2시간	2시간	1시간	1시간	1시간	9시간	아주 잘함
언니 (7시간)	1시간							
나 (13시간)	2시간							
우리 가족 총량(41시간)	6시간							

예 우리 가족 약속: 이번 주 우리 가족 스크린 타임은 총 41시간이고, 다음 주 목표는 40시간입니다. 아낀 시간으로 가족이 함께 산책을 하겠습니다.

📖 8. 부모가 먼저 실천하라

초등학생 자녀에게 독서를 하라고 말하고 싶다면 부모가 먼저 책을 펴야 합니다. 부모는 스마트폰을 보면서 아이에게 스마트폰을 보지 말라고 하면 아이는 말을 안 듣습니다. 제가 스마트폰을 보면 유진이는 진지한 표정으로 말합니다.

"엄마 스마트폰 보니까 나도 간니닌니 볼래."

그 말을 들으면 저는 스마트폰을 얼른 덮습니다. 얼굴도 모르는 간니닌니 자매에게 질 수는 없으니까요.

학습만화만
읽으려고 하는 아이

　아이가 학습만화만 읽는다고 걱정하는 학부모들을 많이 보았습니다. 학습만화를 읽는 아이들에게 왜 읽는지 물어보면 하나같이 재미있어서 읽는다고 말합니다. 정말로 아이들은 학습만화가 재미있어서 읽을까요?

　한 연구에서 초등학생들에게 학습만화를 읽는 이유를 물었습니다.[26] 초등학생들은 학습만화가 '지식과 상식에 도움을 주고'(52.1%) '재미있어서'(41.8%) 읽는다고 답했습니다. 일반 도서를 읽지 않는 이유로는 재미가 없고, 시간이 많이 걸리고, 글이 너무 많아서 귀찮다고 답했습니다. 아이들이 학습만화를 좋아하는 이유가 유익하고 재미있어서고, 상대적으로 일반 도서를 읽지 않는 이유는 재미가 없어서라는 것을 알 수 있습니다.

같은 연구에서 교과서식 자료와 학습만화의 학습 효과를 비교했습니다. 교과서식 자료와 만화식 자료를 주고 일정 시간이 지난 다음 얼마나 내용을 잘 기억하는지 비교한 것입니다.

놀랍게도 중학교 3학년, 고등학교 1학년, 초등학교 6학년 학생 모두 교과서식 자료를 읽은 쪽이 학습 효과가 더 좋았습니다.

이 연구에서 흥미로운 부분은 그다음입니다. 초등학생들이 평가한 심리적 학습 효과는 학습만화가 더 좋았습니다. 아이들은 스스로가 학습만화를 읽었을 때 더 많이 이해하고, 더 잘 알게 됐다고 생각한다는 뜻입니다. 진짜 학습은 학습만화보다 교과서식 자료가 효과적이었지만 재미를 중요하게 생각하는 아이들은 학습만화의 손을 들어준 것입니다.

아이들에게 재미는 너무나 중요한 동기입니다. 아이들은 컴퓨터 게임도 재미있어서 하고, 축구도 재미있어서 합니다. 책도 재미있어야 읽습니다. 아이들에게 가장 재미있는 책은 학습만화겠지요. 무작정 읽지 말라고 할 게 아니라 어떻게 활용할지 고민하는 것이 바람직합니다.

세계적인 외국어 교육학자 스티븐 크라센(Stephen Krashen)은 그의 책『크라센의 읽기 혁명』에서 아이들이 흔하게 쓰는 단어와 흔하게 쓰지 않은 단어를 배우는 비율을 이야기합니다. 그의 연구에 따르면 오른쪽 표에서와 같이 아이들은 만화책(53.5%)

을 읽으면 책(52.7%)만큼이나 흔하지 않은 단어를 배웠습니다. 반면 아이들이 주로 읽는 아동 도서에는 흔하지 않은 단어가 30.9% 쓰였습니다. 흔하지 않은 단어를 배우기 위해서라면 아동 도서보다 오히려 만화책이 더 효과적입니다. 크라센은 만화책이 줄글로 넘어가는 다리와 같다고 말합니다. 만화책을 활용하면 어려운 학습 내용을 쉽게 이해할 수 있고, 책을 싫어하는 아이가 책과 친해질 수 있다고도 합니다. 책 싫어하는 아이도 학습만화는 즐겨 읽습니다. 이 부분이 학습만화가 가진 최고의 장점입니다.

3학년을 담임할 때 반에 곤충을 좋아하는 학생이 있었습니다. 처음 들어보는 희한한 곤충 이름을 줄줄 외기에 어디서 배웠냐고 물어보니까 아이가 책을 한 권 보여주었습니다. 그 유명한 『Why?』 학습만화 시리즈였습니다. 읽어보니 저도 재미있었습니다. '이래서 아이들이 좋아하는구나'라고 감탄했습니다.

같은 내용을 일반 도서로 읽었다면 어땠을까요? 읽다가 어려워서 중간에 포기했을 겁니다. 초등학생은 생각만큼 인내심이 많지 않습니다. 내용이 어려우면 책을 그대로 내려놓습니다. 그러나 내용이 어려워도 시각 자극을 적절하게 주면 아이는 눈길을 줍니다. 만화책은 이미지 위주라 어려운 내용도 상대적으로 쉽게 전달할 수 있습니다.

	흔하게 쓰는 단어	흔하게 쓰지 않는 단어
어른이 아이에게 하는 말	95.6%	9.9%
성인이 성인에게 하는 말	93.9%	17.3%
텔레비전	94.0%	22.7%
아동 도서	92.3%	30.9%
만화책	88.3%	53.5%
신문	84.3%	68.3%
책	88.4%	52.7%

아이들이 흔하게 쓰는 단어와 흔하게 쓰지 않는 단어를 배우게 되는 비율

학습만화를 읽힐 때는 유익함과 재미를 모두 잡은 좋은 만화책을 찾는 것이 중요합니다. 좋은 책을 고르듯이 좋은 학습만화도 아이가 고를 수 있어야 합니다. 부모님이 아이와 함께 고르세요. 학습만화도 다른 책처럼 함께 읽고 이야기 나누는 식으로 독서 교육을 해야 합니다.

성연이가 어릴 때는 학습만화를 못 읽게 했습니다. 하지만 유진이는 학습만화를 읽습니다. 즐겨 읽는 시리즈가 있고 집에도 여러 권 있습니다. 유진이를 키울 때는 교실에서도 학습만화를 허용했습니다. 학습만화의 유익한 점을 살리고 독서 교육을 잘하면 된다고 생각을 바꿨기 때문입니다.

다만 오로지 만화책만 읽지 않도록 단서를 달았습니다. 일반 도서 다섯 권을 읽으면 만화책 한 권을 읽는 식이었습니다. 이를 위해 독서 체크리스트를 만들어서 나눠줬고, 체크리스트 세로 한 줄을 채우면 학습만화도 한 권 읽을 수 있게 했습니다.

학습만화를 제대로 읽히려면 다음과 같은 방법을 사용하면 좋습니다.

첫째, 교과서로 공부한 다음 학습만화로 복습하게 하세요. 보통은 만화로 학습 내용을 익히면 된다고 생각하지만 거꾸로 할 것을 추천합니다. 우리 뇌는 쉽게 얻은 것은 쉽게 잊습니다. 학습 효과가 높은 교과서식 자료로 공부를 먼저 하고 같은 내용을 다른 학습만화로 복습하면 살짝 어렵게 공부하고 쉽게 복습할 수 있어서 더 효과적이지요.

둘째, 읽은 다음 감상평을 나누세요. 좋은 동화책을 읽은 다음 책 이야기를 나누듯이 학습만화도 어떤 점이 유익했는지, 얻은 것은 무엇이고, 읽으면서 무슨 생각을 했는지 자세하게 이야기 나누세요. 그래야 학습만화에서도 귀하고 좋은 것을 찾아내면서 읽습니다.

셋째, 같은 주제를 다룬 일반 도서를 먼저 읽히세요. 예를 들어 드론에 관련된 학습만화를 읽고 싶어 하면 드론을 다룬 일반 도서를 먼저 읽게 합니다. 그다음 같은 주제를 다룬 동시집, 동화책, 위인전, 학습만화처럼 다양한 방식으로 표현한 책을 읽게 하는 확장형 독서를 하는 것입니다. 이렇게 다양한 갈래의 책들을 읽다 보면 학습만화에만 치우치지 않을 수 있습니다.

 만화책도 종류가 다양합니다. 따뜻하고 아름다운 가치관을 담은 좋은 만화책도 많습니다. 오락형 독서가 나쁜 것은 아닙니다. 때로는 마음껏 만화책을 읽는 것도 괜찮습니다. 저는 만화 카페에 아이들과 같이 가서 몇 시간이고 만화만 읽기도 합니다.

성연이는 아침에 일어나면 웹툰을 봅니다. 매일 인터넷 포털 사이트에 새로 올라오는 웹툰을 훑은 다음에야 학교 갈 준비를 합니다. 그런데 저녁에는 『청소년 토지』를 읽습니다. 웹툰을 자주 본다고 쌓아둔 독서 능력이 어디로 가는 게 아니고, 필요하면 언제든지 책을 꺼내들 것을 알기 때문에 전처럼 잔소리하지 않습니다.

다만 학습만화를 한꺼번에 시리즈째 사는 것은 말리고 싶습니다. 만화책이든 아니든 전집을 사는 것은 신중해야 합니다. 평소에 만화책만 많이 읽는 아이에게 시리즈로 된 학습만화를 쥐어준다면 일반 도서는 거들떠보지도 않을 겁니다. 세상 모든 것은 잘 쓰면 약이고, 잘못 쓰면 독입니다. 어떻게 쓸 것인지 많이 고민하고 아이에게 맞는 방법을 찾아야겠지요.

좋아하는 분야만 파는 아이, 책을 고르게 읽히고 싶다면

독서가 습관이 되려면 다양하게 많이 읽어야 합니다. 저는 학생들에게 독서 체크리스트를 만들어주었습니다. 독서 체크리스트를 쓰면 한 분야에 치우치던 독서에 균형이 잡힙니다. 습관이 되면 나중에는 체크리스트가 없어도 이것저것 가리지 않고 잘 읽습니다. 학습만화는 체크리스트 세로 한 줄을 다 채우면 한 권을 읽는 식으로 제한했습니다.

독서 체크리스트 지도하기

내 마음에 물을 주는 ○○이의 독서 체크리스트

동화(20원)	동시(200원)	학습만화(10원)	역사(100원)	위인전(50원)
5.17				

준비물 독서 체크리스트, 동그라미 스티커(지름 1cm)

1. 아이와 함께 분야마다 금액을 정합니다. 좋아하지 않는 분야는 높게,
   좋아하는 분야는 낮게 매깁니다.

   예 좋아하는 학습만화 - 10원
      잘 안 읽는 역사책 - 100원
      거들떠보지 않는 동시 - 200원

2. 동그란 스티커에 책 읽은 날짜를 써서 표에 붙입니다..
3. 한 장을 다 채워야 뒷장으로 넘어갑니다.
4. 일정 시간이 지나면 스티커를 돈으로 바꿉니다.
5. 모은 돈으로 아이와 서점 데이트를 합니다.

독서 체크리스트는 뒤에서 소개하는 셀프 학습 체크리스트와 병행하면
효과가 더욱 큽니다. 독서량이 부족한 아이는 셀프 학습 체크리스트와 함께
지도하고, 한 분야 책만 읽어서 걱정이 되는 아이라면 독서 체크리스트만
활용해도 됩니다.

04

남자아이,
어떻게 해야
책을 좋아하게 될까

　제가 딸만 둘이라고 하면 다들 부러워합니다. 아들만 둔 부모님들은 더 그렇습니다. 학부모들에게 남자아이는 몸으로 노는 걸 좋아해서 한 자리에서 진득하게 책을 읽기 어렵다는 말도 자주 들었습니다. 정말 남자아이는 활동적이어서 책을 안 읽는 걸까요?

　저는 활동적이지만 독서를 좋아하는 남학생을 많이 봤습니다. 반대로 내향적이지만 독서와 거리가 먼 여학생도 많이 봤습니다. 성별이나 성격이 핑계가 될지는 몰라도 독서를 안 하는 직접적인 원인은 아닙니다. 관심을 갖고 지도하면 남학생 여학생 할 것 없이, 내향적이거나 외향적이거나 할 것 없이 누구나 책을 좋아하고 잘 읽습니다. 책 읽기는 성별이 아니라 습관의 문제입니다.

독서가 습관이 되면 엄마가 읽지 말라고 해도 읽습니다. 성연이는 어릴 때 책을 못 읽게 하면 이불에 숨어서 플래시를 켜 놓고 읽었습니다. 유진이도 읽으라 안 해도 알아서 책을 읽습니다. 이미 독서가 습관이 됐으니까요.

남자아이에게 독서 습관을 들이려면 흥미 있는 책을 먼저 건네세요. 남자 아이는 모험담, 탐험 이야기, 탐정과 추리, 마법과 신화, 영웅 시리즈 등을 좋아합니다. 흥미로운 소재를 다룬 책이라면 남자아이도 책에 빠져듭니다. 실제로 역사 속 위인도 그러했습니다.

존 F. 케네디 대통령은 미국인에게 가장 존경받는 정치인 중 한 사람입니다. 그는 명연설가로 유명했지만 어릴 때는 책을 싫어했다고 합니다. 그런 케네디 대통령에게 어머니 로즈 케네디 여사가 『아서 왕과 원탁의 기사들』을 권했다고 합니다. 케네디 대통령은 아서 왕 이야기를 몹시 좋아해서 그다음부터 책에 푹 빠졌다고 합니다.

로즈 여사는 케네디 대통령을 포함해 아들 넷, 딸 다섯을 두었습니다. 아홉이나 되는 아이들을 기르면서도 로즈 여사는 아이들이 어릴 때부터 독서 교육에 힘썼습니다. 책을 읽으면 반드시 경청하면서 토론하게 했고, 중요한 고전은 빠짐없이 읽도록 독서 리스트를 관리했다고 합니다. 다음은 로즈 여사가 아이들에게 읽힌 독서 리스트[27]입니다.

『아라비안 나이트』

『톰 아저씨의 오두막』

『시튼 동물기』

『신드바드의 모험』

『천로역정』

『아서 왕과 원탁의 기사들』

『보물섬』

로즈 여사의 독서 리스트에 남자아이가 좋아할 책이 많지요? 로즈 여사는 남자아이가 좋아할 만한 모험담과 영웅 이야기를 책을 싫어하는 어린 케네디 대통령에게 소개했던 것입니다. 그뿐 아니라 로즈 여사는 밖에서 노는 것을 유난히 좋아하는 어린 케네디 대통령과 함께 정원을 거닐면서 책 내용으로 퀴즈를 내거나 게임을 했다고 합니다. 책을 읽으라고 다그치기보다는 아이가 좋아하는 스타일로 같이 놀면서 독서에 자연스럽게 관심을 이끌어 주었던 겁니다.

독서 교육 전문가인 김은하 작가는 『독서교육, 어떻게 할까?』에서 남자아이가 좋아하는 책으로 다음과 같은 책을 꼽습니다. 챙겨서 읽히면 좋을 것 같아 소개합니다.

- 자신이 원하는 이미지와 역할 모델을 찾을 수 있는 남성이 주인공인 책
- 동일한 등장인물과 비슷한 이야기 전개 방식으로, 익숙하고 독해하기 편안한 시리즈물
- 남자아이 특유의 유머와 엉뚱함, 말썽이 들어가 있는 이야기책
- 감정보다는 행위 묘사에 초점을 둔 이야기책
- 사진이나 그림, 도표, 그래프, 만화 등 시각적 요소가 곁들여진 책
- 남자아이가 친구와 대화에 활용할 수 있는 전문적 지식이 간결하게 제시된 책
- 서로 다른 관점이 대치하는 논쟁적 주제를 담은 책
- 잡지, 만화, 카드, 매뉴얼, 웹사이트 등 학교에서 진지한 독서로 여기지 않는 책
- 공상과학소설이나 판타지 분야 책
- 문제 해결에 초점을 맞춘 추리물
- 비판과 해학이 담긴 책

남자아이 독서 교육에서 흥미 다음으로 중요한 것은 '역할 모델'입니다. 아이 곁에 책을 즐겨 읽고 함께 읽는 사람이 있어야 한다는 뜻입니다. 심리학자들은 남자아이는 어릴 때는 아버지를 닮고 싶어 하고 커서는 영웅을 닮고 싶어 한다고 말합니다. 영웅담이 남자아이에게 특별히 인기 있는 것도 영웅이 아이에겐 역할 모델이기 때문입니다. 독서 교육에서도 곁에서 책을 읽어주는 모델이 꼭 필요합니다.

케네디 대통령에게는 아버지 조지프 케네디가 있었습니다. 조지프 케네디는 루스벨트 대통령 후원회장과 영국 주재 미국 대사를 지낼 정도로 매우 바빴지만 매일 밤 아이들에게 책을 읽어줬다고 합니다. 책을 좋아하고 자주 읽어주는 역할 모델이 있었기 때문에 케네디 대통령은 책을 가까이 하면서 자랐습니다.

남자아이라면 아버지가 곁에서 책을 읽어주는 게 무척 중요합니다. 남자아이에게 가장 닮고 싶은 모델은 아버지이니까요. 아버지가 부드럽고 따뜻하게 아이를 안고 자주 책을 읽어준다면 남자아이도 책을 사랑하는 아이로 자랄 것입니다.

책을 안 읽는 남자아이에게 책을 권할 때는 좋아하는 분야와 관련된 책을 주세요. 아이가 곤충을 좋아하면 곤충 책이나 곤충을 연구한 위인 이야기, 곤충이 주인공인 동화책, 곤충을 소재로 쓴 동시집 등을 읽게 합니다. 아이가 책과 친해지면 서서히 다른 분야로 관심을 넓혀갑니다.

전에 야구를 좋아하는 남자아이를 가르친 적이 있습니다. 책은 한 권도 안 읽는데, 야구는 어찌나 좋아하는지 야구공 실밥 개수가 몇 개인지 알 정도였습니다. 야구를 너무 좋아해서 야구와 관련된 것은 모조리 외웠다고 하더군요.

아이에게 야구 선수 장훈에 대한 이야기 책을 추천했습니다. 아이는 책이 너덜너덜해질 때까지 몇 번이고 읽었습니다. 아이는 이어서 베이브 루스 이야기를 읽었고, 박찬호 선수 이야기도 읽었습니다. 그렇게 야구에 관련된 책을 찾아서 읽더니, 나중에는 스포츠 분야 책을 읽기 시작했고 책과 친해진 다음에는 다른 분야 책도 읽었습니다.

남자아이 중에는 독서가 여성스러운 일이라고 생각하는 아이도 더러 있습니다. 남자답지 못한 일이라고 생각해서 책 읽기를 싫어하는 경우는 편견을 깰 필요가 있습니다. 저는 그런 남학생에게는 위인전을 읽혔습니다. 위대한 인물 가운데 책을 좋아한 남성 위인은 아주 많으니까요. 아이에게 책을 좋아한 남성 위인을 소개해서 책을 읽는 일이 결코 여성스러운 일이 아니라는 것을 가르쳐주세요.

남자아이를 위한 독새 습관 기르기

📘 게임 친구 말고 책 친구 만들기

아이들이 하는 게임은 대부분 일정 시간 노력하면 레벨이 올라가거나 아이템을 얻습니다. 일종의 보상이 주어지는 겁니다. 여기에 함께 게임하는 친구까지 있으면 더 큰 보상이 됩니다. 아이들이 게임을 좋아하는 데에는 이런 심리적인 측면이 강합니다.

저는 책을 안 읽는 학생에게는 책 친구를 붙여주었습니다. 책을 안 읽던 아이도 친구를 따라서 책을 많이 읽었습니다. 함께 도서관 가기, 친구와 같은 책 읽기, 책 바꿔 읽기, 책 퀴즈하기, 누가 많이 읽나 내기하기 등 친구와 함께 책을 읽도록 해주세요.

📘 매일 같은 시간에 같은 분량 읽기

좋은 습관 하나가 백 마디 잔소리보다 낫습니다. 독서가 습관이 되려면 같은 시간에 같은 장소에서 같은 분량을 읽는 게 좋습니다. 습관이 되면 책 읽을 시간에 몸이 먼저 움직입니다.

냉장고에 달력을 붙이세요. 정한 시간에 정한 만큼 책을 읽으면 아이 이름을 새긴 예쁜 도장을 스스로 달력에 찍게 합니다. 첫 주에는 도장 세 개, 그다음 주는 네 개, 그다음 주는 다섯 개를 목표로 서서히 늘리도록 격려하세요. 독서가 습관이 됩니다.

📘 책 한 권 완독하기

완독보다 뿌듯한 독서 경험이 또 있을까요. 책을 잘 읽지 않는 아이라도 책 한 권을 다 읽었다는 기쁨을 맛보면 책에 흥미를 갖습니다. 쉽고 어렵지 않은 책을 완독하게 하세요.

같은 시간에, 같은 분량을, 꾸준히 같은 장소에서 완독하는 경험을 자꾸 맛보게 하는 겁니다. 처음 습관을 갖게 할 때는 작은 성취도 큰 동기 부여가 된답니다.

책 좋아하는
아이로 키우는
우리 집 북 카페 만들기

"당신이 16세 때 집에 책이 몇 권 있었나요?"

2011년에서 2015년 사이 OECD가 31개국 성인 16만 명을 대상으로 조사한 국제성인역량조사(PIAAC)의 한 설문입니다. 이 설문에서 교과서나 참고서, 신문, 잡지는 책에 해당하지 않습니다. 16세 때 책이 집에 몇 권 있었는지가 성인 역량과 무슨 상관이 있을까 싶겠지만 연구 결과, 깊은 관련이 있었습니다.

OECD 국가 평균 도서 보유량은 115권이었습니다. 에스토니아가 가구당 평균 218권으로 가장 많았고, 노르웨이, 스웨덴, 체코가 뒤를 이어 200권 이상이었습니다. 한국은 91권으로 집에 책이 적은 여섯 번째 나라였습니다.

2018년 《소셜 사이언스 리서치(Social Science Research)》는 청

소년기에 책에 노출되는 것이 언어 능력, 수리 능력, 기술 문제 해결 능력에 얼마나 영향을 미치는지 연구했습니다. 연구에 따르면 65권까지는 인지 능력이 가파르게 상승했고, 대략 350권이 넘어가면 영향이 없었습니다. 집에 책이 많은 것이 고소득층 가정이거나 고학력 가정일 거라고 생각할 수 있겠지만 이 연구는 이런 요인들을 모두 제거한 다음 얻은 결과입니다.[28] 아이가 자랄 때 집에 책이 아주 많을 필요는 없지만 아주 없어서는 안 되겠죠.

2012년에 선생님들과 함께 핀란드에 연수를 다녀왔습니다. 핀란드에서 가장 인상 깊었던 것은 다름 아닌 국립 어린이 도서관이었습니다. 어른 도서관 저리 가라 할 정도로 많은 책이 아이들을 위해 구비돼 있었습니다. 핀란드는 가정의 책 보유량도 평균 162권으로 우리나라보다 두 배 가까이 많습니다. 도서관에서 편하게 누워 책을 읽던 핀란드 아이들의 푸른 눈동자가 지금노 눈에 선합니다.

책을 좋아하는 아이가 되려면 어릴 때부터 책이 곁에 있어야 합니다. 가장 친근한 장난감이자 놀이, 그리고 친구일 때 아이가 책을 진심으로 사랑하게 됩니다. 아이가 좋아하는 책으로 주변을 꾸미고 갖고 놀 수 있도록 집에 작은 북 카페를 꾸며주세요. 아이들의 꿈이 북 카페에서 함께 자랄 겁니다.

우리 집 북 카페 만들기

1. '최고의 문장 나뭇잎'으로 북 카페 꾸미기

준비물 여러 색깔종이, 사인펜, 가위, 펀치, 털실, 굵은 나뭇가지 등

① 굵은 나뭇가지를 벽에 고정합니다. 나뭇가지가 없으면 나뭇가지 모양으로 종이를 오려서 붙여도 됩니다.

② 여러 색깔 종이를 가로세로 15cm로 오립니다.

③ 오린 종이를 대각선으로 접습니다.

④ 대각선으로 접은 종이를 나뭇잎 모양으로 오립니다.

⑤ 나뭇잎에 펀치로 구멍을 뚫습니다.

⑥ 책에서 가장 인상 깊었던 문장을 나뭇잎에 씁니다. 왜 그 문장을 골랐는지 함께 이야기합니다.

⑦ 나뭇잎에 털실을 묶어서 준비한 나뭇가지에 달아줍니다.

⑧ 우리 집 책 나무가 완성됩니다.

2. 한 달에 한 번 열리는 '우리 집 북 카페'

준비물 두꺼운 종이, 사인펜, 동화책 여러 권 등

① **메뉴판 만들기** 집에 있는 다양한 책으로 책 메뉴판을 만듭니다.

② **웨이터 되기** 아이가 깔끔하게 옷을 차려입고 웨이터가 됩니다.

③ **책 주문하기** 가족들이 북 카페에서 책을 주문합니다.

④ **음료 서비스하기** 주스와 책을 아이가 서빙합니다.

⑤ **주문한 책 읽어주기** 주문한 책을 아이가 직접 가족에게 읽어줍니다.

⑥ **돈 지불하기** 메뉴판에 적힌 대로 돈을 지불합니다.

⑦ **책 사기** 북 카페를 운영한 수익으로 서점에서 읽고 싶었던 책을 삽니다.

06

전집,
사지 말고
만드세요

연령이 같아도 아이들의 발달 속도가 저마다 다르듯 독서 능력도 천차만별입니다. 독해 능력이 쑥쑥 성장하는 아이가 있는가 하면 서서히 올라가는 아이도 있고, 그림책이 잘 맞는 아이가 있는가 하면 학습만화가 좋은 아이도 있고, 책을 술술 읽고 이해하는 아이가 있는가 하면 좀처럼 책 읽기가 어려워 어른이 곁에서 도와야 하는 아이도 있습니다.

독서 수준이 아이마다 다르기 때문에 연령별 추천 도서나 필독 도서 목록에 크게 연연하지 않아도 됩니다. 다른 아이에겐 그 책이 꼭 필요할지 몰라도 내 아이는 아닐 수 있으니까요. 필독 도서나 추천 도서는 참고만 하는 게 좋습니다.

수백 번씩 읽어야 할 좋은 책은 소장하는 게 좋습니다. 열 번

미만으로 읽을 거라면 빌려서 읽는 것이 좋습니다. 요즘은 학교 도서관도 매년 책을 새로 구입하기 때문에 질 좋은 새 책이 많이 들어옵니다.

전집은 한 번에 많은 책을 싸게 구입한다는 점이 매력적이긴 하지만 사놓고 읽지 않는 책도 많습니다. 그보다 가정에서 직접 아이와 함께 나만의 전집 시리즈를 만들어보는 것을 추천합니다.

처칠, 케네디, 루스벨트, 카네기 가문 등은 세계 명문가로 손꼽힙니다. 이들은 자녀가 어릴 때 꼭 읽어야 할 책을 독서 리스트로 만들어서 읽혔습니다. 처칠가에서는 『로마제국 쇠망사』를 제1필독서로 꼽았습니다. 케네디가에서는 『보물섬』, 『아서 왕과 원탁의 기사들』 등을, 루스벨트가에서는 『크리스마스 캐럴』, 『대위의 딸』 등을, 카네기가에서는 『전쟁과 평화』 등을 자녀들이 어릴 때 읽게 했습니다.

일반 가정에서도 얼마든지 시도할 수 있습니다. 아이와 함께 나만의 전집을 만들어보세요. 돈을 주고 책을 많이 사지 않아도 됩니다. 집에 있는 책 가운데 아이가 특별히 아끼고 사랑하는 책을 모아서 전집을 만들면 됩니다.

나만의 전집 만들기

준비물 지름 1cm 동그라미 색색 스티커, 네임 스티커 50장

1. 아이가 평소 잘 읽는 책을 고릅니다.

2. 고른 책 표지에 같은 색깔 동그라미 스티커를 붙입니다.

3. 책 표지 오른쪽 상단에 아이 이름이 쓰인 네임 스티커를 붙입니다.

4. 책 제목과 분야를 적은 독서 리스트를 아이와 함께 만듭니다.

5. 아이가 꼭 읽어야 할 책을 독서 리스트에 추가합니다.

순위	책 제목	분야	주제
1	아라비안 나이트	동화	모험
2	톰 소여의 모험	동화	모험
3	어린 왕자	동화	교훈
4	꽃들에게 희망을	그림 동화	교훈
5	천로역정	그림 동화	종교
⋮			

6. 70%는 아이가 좋아하는 책으로, 30%는 읽지 않았지만 꼭 읽어야 할 책으로 독서 리스트를 채웁니다.

7. 전집 제목을 멋지게 붙입니다.

   예 유진이가 뽑은 내 인생의 책 50권

8. 독서 리스트에 뽑힌 책은 잘 보이는 곳에 꽂아둡니다.

9. 독서 리스트의 책을 꼼꼼하게 다시 읽게 합니다.

10. 전집을 다 읽으면 독서 리스트를 다시 만듭니다.

07

성교육 동화는
언제 읽어야 할까

전래동화 「단 방귀 장수」 이야기를 아시나요. 착한 사람은 향기 나는 방귀를 팔아서 부자가 되고 나쁜 사람은 냄새가 지독한 똥 방귀를 뀌어 동네에서 쫓겨났다는 이야기입니다. 이 책은 성연이도 좋아했고 유진이도 좋아했고 저희 반 학생들도 좋아했습니다. 저는 교실에서 똥 이야기책만 골라서 읽는 아이도 보았습니다. 어른이 보기엔 지저분할지 몰라도 아이에게 똥과 방귀는 삶과 가장 가까운 이야기거리입니다.

아이가 몸에 관심을 가질 때가 성교육 동화를 읽기에 좋은 때입니다. 유진이는 표지가 너덜너덜해질 때까지 몇 번이고 똑같은 성교육 동화를 읽었습니다. 12살 여자 아이가 초경을 하는 이야기인데 엄마는 언제 했냐, 아프진 않았냐, 이것저것 물어보면서 열심히 읽었습니다.

성교육은 수학, 영어만큼이나 중요합니다. 전에 학부모 한 분이 4학년 딸아이와 함께 영화 〈맘마미아〉를 본 이야기를 들려주었습니다. 아이가 영화에서 섹스라는 말이 나오자 큰 소리로 묻더랍니다.

"엄마, 섹스가 뭐야?"

사람들이 일제히 쳐다보는 바람에 엄마가 고개를 못 들었다고 하더군요.

이 아이는 영어가 아주 유창했지만 학원과 학교에서 배우는 영어에서는 섹스라는 말이 나오지 않습니다. 아이는 배운 적이 없어서 모르는 단어였습니다.

같은 질문을 유진이도 극장에서 똑같이 한 적이 있습니다. 저는 당황하지 않고 말했습니다.

"뭐긴 뭐야, 남자와 여자가 성관계하는 거지. 집에서 배웠잖아?"

이때 제가 우물쭈물했으면 유진이는 엄마에게 부끄럽고 대답하기 곤란한 것을 물어봤다고 생각했겠지요. 성은 명확하게 설명하지 않으면 꼬리에 꼬리를 무는 식으로 질문만 많아집니다.

"아기는 어떻게 태어나요?"

"아기는 엄마와 아빠가 서로 사랑해서 태어나지."

"서로 사랑하면 어떻게 아기가 돼요?"

"아빠 정자와 엄마 난자가 만나서 아기가 되지."

"그럼 정자와 난자는 어떻게 만나요?"

"……?"

이렇게 추상적인 답보다는 친절하고 부드러우면서도 명확하게 설명하는 게 좋습니다.

저는 고학년을 담임할 때 성교육을 제대로 받은 학생을 거의 못 봤습니다. 학교나 가정만 그런 게 아닙니다. 최근 교육부에서 나온 성폭력 대처 방법이 시대에 한참 뒤떨어진 것을 언론이 지적한 사례도 있습니다.

교육부의 성폭력 대처법

- 이성친구와 단둘이 집에 있을 때: 단둘이 있는 상황을 만들지 않는다.
- 친구들끼리 여행을 갔을 때: 친구들끼리 여행을 가지 않는다.
- 채팅 중 직접 보고 싶다며 만남을 제안할 때: 낯선 사람과 채팅은 가급적 삼간다.
- 남성 우월적이거나 공격적인 남성과는 데이트하지 않는다.

- 성관계를 갖겠다는 생각이 없으면 함께 숙박업소에 가지 않는다.
- 집으로 돌아오는 길을 모르는 곳에서 데이트하지 않는다.

출처: 「학교 성교육 표준안」, 교육부

직접 설명하기 어렵다면 책으로 가르쳐도 됩니다. 제가 본 성교육 동화 가운데에는 덴마크에서 아이들에게 가르친다는 그림책이 가장 좋았습니다. 심리 치료사이자 성 연구가인 페르 홀름 크누센(Per Holm Knudsen) 작가의 책으로, 한국에서는 『아기는 어떻게 태어날까?』로 번역 출간되었습니다.

대상이 유치원 아이인 만큼 글자는 몇 줄 없고 그림도 큼지막합니다. 남녀 성관계부터 태아가 성장하고 출산하기까지를 그림으로 표현했습니다. 저는 이 책으로 성연이와 유진이에게 성교육을 했습니다.

이 책에는 남녀 사이의 성관계는 물론이고 출산 과정까지 매우 적나라하게 나와 있습니다. 우리에겐 다소 충격일지 모르지만 덴마크와 세계 여러 나라에선 그저 당연한 교육과정의 일부일 뿐입니다.

우리나라에서는 선행 학습까지 시켜가며 수학, 영어는 열심히 가르치지만 정작 성과 관련된 것은 가르치지 않습니다. 지금 대한민국에서 성교육은 누가 대신 해주면 좋겠고, 가르치기 난감하기만 한 것입니다. 아이들은 이미 유튜브나 인터넷에서 몇 번만 클릭해도 성인물을 찾아볼 수 있는데 말입니다.

부끄럽고 낯선 것일 때 성은 그늘로 숨습니다. 우리 사회에서 일어나는 수많은 성범죄들이 여성과 아동을 대상으로 합니다. 몰래 훔쳐보기, 음란물, 성희롱, 성적인 농담처럼 잘못된 성 문화와 성범죄는 우리 사회를 병약하게 만듭니다.

그릇된 성 문화는 양성 모두 존중받는 민주적인 사회에선 만들어지지 않습니다. 성교육도 인권 교육과 맞물린 교육이어야 자신의 몸과 남의 몸을 똑같이 소중하게 여깁니다. 성교육은 아이들이 어릴 때부터 인권 교육과 함께 해야 하고 몸과 마음을 소중하고 따뜻하게 여길 수 있도록 부드럽게 가르쳐야 합니다. 성교육 동화는 부모와 아이가 함께 읽고 궁금한 것을 가르치는 식으로 접근하는 게 좋습니다.

최근 학부모 대상 강의를 할 때 어떤 학부모님이 아이가 성에 호기심이 없는데도 굳이 성교육을 해야 하는지 물어보셨습니다. 저는 성교육은 아이가 컸든 어리든 할 것 없이 가정과 학교에서 꼭 해야 하는 일이라고 대답했습니다. 아이들이 자칫 인터넷에 무분별하게 돌아다니는 성인물을 보면서 성에 잘못 눈뜰 수 있다는 점에서도 그렇습니다.

『단 방귀 장수』 동화를 읽어주듯 성교육 동화도 읽어주세요. 성교육은 어렵고 쑥스러운 게 아닙니다. 아이에게 심장을 설명할 때 부끄럽지 않듯이 성기를 설명할 때도 부끄럽지 않으면 됩니다. 성은 귀한 것이어야지, 부끄러워서 숨기는 것이어선 안 됩니다. 몸이 하는 말은 언제나 소중합니다.

성교육 동화책, 어떻게 읽힐까?

성교육은 영역이 상당히 넓습니다. 임신과 출산에 관련된 것만 성교육이 아닙니다. 우리 몸의 변화, 사춘기, 이성 친구, 성관계와 피임, 임신과 출산 모두 아이가 공부하고 배워야 할 성교육 내용입니다.

1. 구체적이고 명확한 책을 고르세요

성교육을 위한 책이라면 구체적이고 명확해야 합니다. 몸이 아름다운 생각을 하면 비가 된다는 식으로 추상적인 책이라면 별 도움이 안 됩니다. 엄마가 직접 고르는 게 좋습니다.

2. 상황에 따른 대응 능력을 길러주세요

성폭력이 발생할 수 있는 상황별로 행동 요령을 배우는 것도 중요합니다. 아이들은 위기 상황에서 저항할 능력이 없습니다. 주변 어른에게 아이가 직접 도와달라고 요청할 수 있어야 합니다. 평소에 연습해 두지 않으면 낯선 상황에서는 대처하기가 더욱 어렵겠지요. 책에 나오는 상황극으로 아이와 함께 연습하세요.

3. 책에 나온 내용은 한 번 더 꼼꼼하게 가르치세요

아이가 꼭 알아야 할 내용은 책을 읽은 다음 엄마가 한 번 더 가르치세요. 학습지가 있으면 학습지로 확인하고, 학습지가 없으면 엄마가 내용을 물어보고 아이가 답하게 하세요. 저는 남녀 성기, 생리대 착용법, 피임 방법과 피임 도구, 성희롱과 성폭력, 음란물이 무엇이고 왜 유해한지 집에서 두 딸에게 직접 가르쳤고 심지어 쪽지 시험까지 봤습니다.

4. 자신의 말로 설명할 수 있어야 배운 것입니다

아이가 책에 나오는 내용을 자신의 말로 설명할 수 있을 때까지 가르치세요. 정확하게 안다는 것은 내가 다른 사람에게 가르칠 수 있다는 것이기도 합니다. 유진이는 학교에서 친구가 초경을 해 당황하자 친구를 화장실에 데려가 생리대 착용하는 법을 알려주고 도와줬답니다.

5장

독서 수준별 솔루션 4단계

깊이 읽기

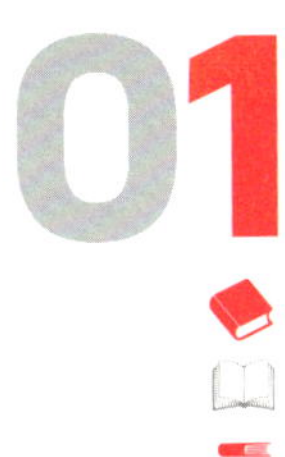

동화책을 많이 읽은 아이, 왜 교과서 읽기는 어려워할까

아이들은 어릴 때 동화의 세계에서 자랍니다. 동화책을 읽으면서 마녀가 끓이는 수프 냄새를 상상하고 해적과 신나는 싸움을 벌이죠. 동화에 빠져 살던 아이가 학교에 가면 전혀 새로운 책을 만납니다. 이 책은 토론과 토의, 정보와 설득, 맞춤법과 문장 구조 같은 생소한 내용을 다룹니다. 모든 아이가 똑같이 읽어야 하고, 다 읽은 다음에는 일정 수준에 도달하길 기대하는 책, 바로 교과서입니다.

초등학교 5학년이 넘어가면서부터는 국어가 어렵다고 말하는 아이들이 많습니다. 5, 6학년군 교과서를 보면 아이들의 고민을 이해하실 겁니다. 5학년 1학기 1단원은 9쪽 분량 글을 읽고 인물이 왜 그런 생각을 했는지 2차시(80분) 만에 이해해야 합니다.

동화를 배울 때는 사정이 그나마 조금 낫습니다. 교과서에는 낯선 정보를 전달하는 글이나 생소한 주제를 다룬 글도 많습니다. '벌레잡이풀과 통발'처럼 낯선 식물을 비교하면서 공통점과 차이점을 찾게 하거나 몽돌이라는 생소한 주제를 다룬 시를 읽고 평을 해야 합니다. 아이들은 이런 글 앞에서 고개를 갸우뚱거립니다.

우리가 읽는 글은 크게 문학적 글과 비문학적 글 두 가지로 장르를 나눕니다.[29] 장르마다 구조가 다름을 아는 것을 텍스트 구조 지식이라고 합니다. 텍스트 구조 지식은 글을 읽을 때 큰 도움을 줍니다. 우리가 글을 읽을 때 어떤 글은 전략적으로 훑어 읽는가 하면 어떤 글은 깊이 음미하듯이 읽는 것도 장르에 따라 읽기 방식을 달리하기 때문입니다.

글의 장르는 수필, 소설, 동화 같은 이야기체의 문학적 글과 정보 전달을 위한 비문학적 글로 나뉩니다. 이야기체 글은 발단, 전개, 위기(절정), 결말이라는 흐름을 띱니다. 아이들이 자주 읽는 동화책이 그렇습니다. 정보체 글은 서론, 본론, 결론 형식을 띱니다.

자주 사용되는 어휘나 용어도 다릅니다. 일상적이고 쉬운 어휘로 쉽게 이야기를 풀어가는 문학적 글과 달리 정보체 글은 개념과 원리를 이해하는 데 목적을 두기 때문에 자주 볼 수 없는 낯선 용어가 나옵니다. 아이들이 학교에서 배우는 사회, 과학, 역사 교과서가 설명하는 정보와 개념 전달 등이 대표적인 비문학적인 정보체 글입니다.

다음은 문학적 글과 비문학적 글의 예시입니다.

문학적 글

……소녀는 소년이 개울둑에 앉아 있는 걸 아는지 모르는지 그냥 날쌔게 물만 움켜냈다. 그러나, 번번이 허탕이다. 그대로 재미있는 양, 자꾸 물만 움킨다. 어제처럼 개울을 건너는 사람이 있어야 길을 비킬 모양이다. 그러다가 소녀가 물속에서 무엇을 하나 집어낸다. 하얀 조약돌이었다.

—황순원,『소나기』중에서

비문학적 글

자연환경은 크게 지형과 기후로 나눌 수 있습니다. 지형은 산지, 평야, 해안 등으로 다양하게 나타나고, 기후는 강수량과 기온 등에 의해 기후대가 형성됩니다. (중략) 기후는 집 모양에 영향을 줍니다. 비가 거의 오지 않는 지역에서는 지붕이 평평하고, 눈이 많이 오는 지역에서는 눈의 무게가 지붕을 누르지 않고 쉽게 지면으로 떨어질 수 있도록 지붕이 급경사를 이루게 만듭니다.

─구정화,『통합사회 교과서와 함께 읽기 1』중에서

아이들은 어릴 때 문학적 글을 자주 경험합니다. 정보체 글은 상대적으로 경험할 일이 적습니다. 아이들로서는 교과서 글 가운데 정보를 다루는 글이 낯설 수밖에 없습니다. 정보체 글은 설명, 인과, 문제와 해결, 비교와 대조, 설득과 논설로 나눌 수 있습니다. 문학적 글과 달리 구조가 간결하고 관용 표현이 드뭅니다. 동화책만 읽었다면 정보체 글도 읽어서 균형을 맞출 필요가 있습니다. 교과서는 문학체 글과 비문학체 글 모두 고르게 실려 있으니까요.

국어 교과서는 긴 텍스트 그대로 문학체 글을 다룹니다. 고학년 아이들이 배우는 국어 교과서에는 10쪽 넘는 이야기체 글도 많습니다. 평소 책을 많이 읽지 않는 아이들은 길이에 먼저 질려 합니다. 상대적으로 정보체 글은 분량이 짧고 간결합니다. 정보체 글에 맞는 읽기 전략을 알고 나면 배우기도 쉽습니다. 장르에 따른 읽기 전략을 가르치고 정보체 글에도 익숙해지도록 자료를 다양하게 읽게 하면 독해 경험이 풍부한 아이들은 교과서 글에도 금방 적응합니다.

교과서가 쉬워지는 다섯 가지 읽기 전략

구체적인 읽기 전략(reading strategies)을 가르치면 교과서에 나오는 다양한 장르의 글을 읽을 때도 독해가 쉽습니다.

초등학교 국어 교과서에 실렸던 「벌레잡이풀과 통발」은 정보체 글입니다. 이 글에서는 "통발은 연못이나 개울 등 물에 떠다니며 살고, 가느다란 줄기에 좁쌀과 같이 작은 공기 주머니가 붙어 있다"는 정보를 전달합니다. 또한 이 주머니는 보통 때는 닫혀 있지만 작은 벌레가 닿으면 갑자기 문이 열리면서 진공청소기처럼 벌레를 빨아들인다고 합니다. 뚜껑이 닫히면 벌레는 질식해서 죽게 되고요.

이 내용을 예시로 구체적인 읽기 전략을 소개합니다.

📖 1. 예측하기

책을 읽으면서 다음에 무슨 내용이 나올지 미리 추측하는 것입니다. 책을 읽다가 중간에 멈추고 다음 일을 생각해 보게 하거나 제목을 보고 글의 내용을 예측하게 합니다. 관련 배경지식을 끌어내게나 과거 경험과 관련지어 생각하게 하세요.

- '벌레잡이풀'이라는 제목을 보니까 무엇이 생각나니?
- 벌레가 질식해서 죽은 다음에 어떤 일이 일어날 것 같니?
- 전에 벌레잡이풀을 본 적 있니?
- 벌레잡이풀과 비슷한 것으로는 무엇이 또 있을까?

2. 의문 제기하기

아이 스스로 읽는 내용을 묻고 답하는 것입니다. 질문에는 글의 내용을 직접 묻는 표면 질문과 글의 내용을 바탕으로 글에 직접 나와 있지 않은 것을 추측해서 대답하는 유추 질문을 모두 포함합니다.

- 표면 질문: 통발은 어떤 식으로 살아가지?
- 유추 질문: 만약 뚜껑이 닫히지 않으면 벌레는 어떻게 될까?

3. 시각화하기

아이가 글을 읽으면서 머릿속으로 그림을 그리는 것을 말합니다. 학자들은 능숙한 독자는 시각화를 자동으로 한다고 말합니다. 그렇지 않은 아이는 문장을 읽어주면서 머리로 그림 그리는 일을 도와주는 게 좋습니다.

- 진공청소기가 어떻게 생겼는지 떠올려보자. 눈을 감고 머리로 그림을 그려보렴. 그 진공청소기가 쓰레기를 빨아들이는 걸 상상해 봐.
- 통발은 어떻게 생겼지? 머리로 통발을 그려봐. 통발 끝에 작은 벌레가 닿았다고 상상해 보자. 이제 통발이 벌레를 확 빨아들이는 걸 머리로 그려보렴.

4. 요약하기

읽은 내용을 짧게 정리하는 것입니다. 요약은 내용을 더 깊이 이해하도록 도와줍니다.

- 통발이 어떤 식으로 벌레를 잡는지 말로 설명해 보렴.

📖 5. 이해 여부 모니터링하기

읽는 내용을 잘 이해하는지 스스로 점검하는 과정입니다. 만약 잘 이해하지 못한다면 앞으로 되돌아가서 다시 읽거나 천천히 읽는 식으로 스스로 피드백합니다.

- 통발이 무슨 뜻인지 잘 모르면 그 부분만 소리 내서 다시 읽어봐.
- 읽으면서 어떤 부분이 이해가 안 됐지? 그 부분을 천천히 읽어보렴.

02

긴 글을 읽고
줄거리 요약을
어려워한다면

앞에서 장르에 따라 우리가 읽는 글이 문학적 글과 비문학적 글로 나뉜다는 걸 살펴보았습니다. 문학적 글은 우리가 잘 아는 이야기체 글을 말합니다. 이야기체 글은 발단, 전개, 위기(절정), 결말이라는 일정한 흐름을 띱니다.

발단에서는 배경을 설명하고 주인공을 소개합니다. 전개에서는 주인공을 중심으로 사건이 벌어집니다. 위기나 절정에서는 갈등과 문제해결을 위한 노력 등을 다루고, 결말에서는 이야기가 마무리됩니다. 우리가 아는 이야기체 글은 대부분 이 흐름을 따릅니다.

아이들이 좋아하는 『마당을 나온 암탉』을 살펴볼까요. 발단에서는 이야기가 벌어지는 배경으로 마당을 묘사합니다. 주인공인 암탉 잎싹이도 등장합니다. 전개에서는 잎싹이가 마당을 나오고 초록이를 키우는 과정이 나옵니다. 그다음은 자라면서 정체성을 찾는 초록이가 잎싹이와 갈등하고, 초록이가 붙잡히는 사건들을 겪으면서 주인공들은 위기와 절정을 맞습니다. 그리고 자신처럼 새끼들을 키우느라 다른 동물을 잡아먹던 족제비에게 잎싹이가 자신을 내어주면서 이야기가 끝이 납니다.

이야기체 글을 떠올려보세요. 이야기체 글 대부분이 같은 흐름을 띤다는 것을 쉽게 이해할 수 있을 겁니다. 우리가 잘 아는 대하소설 『토지』도 그렇고, 『칼의 노래』도 그렇습니다. 문학적 글이 갖는 이런 독특한 구조를 이해하면 독해가 훨씬 쉽습니다.

이야기체 글은 이 흐름대로 단계를 따라가면서 요약하면 아무리 긴 책이어도 줄거리를 뽑아낼 수 있습니다. 몇 번 연습하면 어렵지 않습니다. 아이들이 좋아하는 『해리 포터와 마법사의 돌』로 줄거리를 요약해 보겠습니다.

1. **등장인물**: 해리 포터, 론, 헤르미온느, 볼드모트, 덤블도어 등

2. **장소**(공간적 배경): 영국 호그와트 마법 학교

3. **시간**(시간적 배경): 해리 포터가 열한 살이었을 때

4. **발단**(처음 일어난 사건)

① 해리 포터가 열한 살이 되자 호그와트 마법 학교에서 입학 통
  지서가 온다.

② 호그와트에 입학한 해리 포터는 론과 헤르미온느를 만난다.

5. 전개(발단으로 벌어지는 여러 사건들)

① 해리 포터와 친구들은 스네이프 교수가 마법사의 돌을 노린다
  고 생각한다.

② 해리 포터와 친구들은 마법사의 돌을 먼저 찾으려 한다.

6. 위기와 절정(갈등과 문제해결을 위한 과정)

① 해리 포터와 친구들은 마법사의 돌을 찾는 과정에서 머리가 세
  개 달린 개를 잠재운다.

② 해리 포터와 친구들은 어둠의 덩굴 식물을 주문을 걸어 잠재
  운다.

③ 해리 포터는 마법 빗자루를 타고 날아다니는 열쇠 중에서 진짜
  열쇠를 찾아낸다.

④ 해리 포터와 친구들은 마법의 체스를 두게 된다. 론의 희생으로
  해리 포터는 최종 관문까지 간다.

⑤ 해리 포터와 친구들은 그들을 기다리던 퀴렐 교수와 마주친다.

⑥ 퀴렐 교수의 뒤통수에는 볼드모트가 붙어 있었다.

⑦ 위기의 순간에 덤블도어 교수가 나타나 해리 포터와 친구들을
　도와준다.

7. 결말(이야기가 어떻게 끝나는가): 해리 포터는 무사히 방학을 맞는다.

『해리 포터와 마법사의 돌』 두 권을 열두 문장으로 요약했습니다. 번호를 빼고 문장을 모두 이으면 줄거리가 됩니다. 줄거리를 요약할 때는 세부적인 사건을 다 기록하면 안 됩니다. 굵직하고 큰 사건만 추려야 하는데, 처음에는 어렵습니다. 옆에서 아이와 함께 책을 읽어야 아이가 중요한 사건만 추렸는지 정확하게 확인하고 도와줄 수 있습니다.

책 읽고 줄거리 요약하기

책 제목:	
1. 등장인물	
2. 장소(공간적 배경)	
3. 시간(시간적 배경)	
4. 발단(처음 일어난 사건)	
5. 전개(발단으로 벌어지는 여러 사건들)	
6. 위기와 절정 (갈등과 문제해결을 위한 과정)	
7. 결말(이야기가 어떻게 끝나는가)	

공부는 잘하는데
책을 안 읽으려 해요

초등학생이 학교에서 배우는 내용은 분량이 많지 않습니다. 학기 초에 많이 뒤처졌던 아이도 노력하면 얼마든지 따라잡을 수 있습니다. 그렇지만 중학교나 고등학교에선 그렇지 않습니다. 초등학교 때 공부 잘한다는 소리를 듣던 아이도 성적이 뚝뚝 떨어집니다. 상급 학교에서 성적이 떨어지는 이유를 아이의 어휘력과 독해력에서 찾는 이도 많습니다.

중학교 공부는 내용이 어렵고 분량도 많습니다. 학습 습관이 잘 돼 있지 않으면 학교 공부를 따라가기 어렵습니다. 기본적인 어휘력과 독해력을 갖추지 못한 아이라면 교과서에 나오는 고효율 용어를 이해하지 못하고 넘어가는 일이 점점 많아집니다. 초등학교 때 다양한 분야의 책을 많이 읽어서 어휘력과 독해력을 길러두어야 합니다.

6학년을 담임할 때였습니다. 민철이(가명) 엄마가 고민을 털어놓았습니다.

"민철이가 공부는 잘하는데 책을 안 읽으려 해요. 책을 사줘도 그때만 잠깐 몇 장 들춰보는 게 다예요. 언제까지 이렇게 읽다 말다 할 수는 없잖아요. 중학교 때를 대비해서 좋은 독서 습관을 길러주시면 좋겠어요."

민철이는 너무나 활동적이었습니다. 교실에 있을 때보다 나가서 공을 차는 시간이 많았습니다. 수업 시간에도 좀이 쑤셔서 반듯하게 앉아 있지 못했고, 종이 치면 복도로 달려 나가곤 했습니다. 민철이는 6학년이 될 때까지 두꺼운 책을 끝까지 읽어보지 않았습니다.

민철이를 서점에 데려갔습니다. 끝까지 다 읽으면 학급문고로 기증한다는 조건을 달았지만 직접 책을 고르고 계산까지 하게 하니 민철이는 무척 좋아했습니다. 책을 고를 때 세 가지 기준을 제시했습니다.

1. 제목을 들어본 적 있는가?
2. 내용이 조금이라도 궁금한가?
3. 얇지 않은가?

민철이는 놀랍게도 청소년 소설인 『완득이』를 골랐습니다. 마침 영화 〈완득이〉가 한창 인기를 끌 때였습니다. 두께가 상당하고 주인공이 초등학생이 아닌 고등학생인데도 읽을 수 있겠냐고 물었더니, 한 달이면 읽을 수 있다고 자신 있게 답하더군요. 민철이에게 매일 아침 학교에 오면 큰 소리로 친구들 앞에서 세 가지를 말하게 했습니다.

1. 책을 언제 읽었나: 8시부터 8시 20분
2. 몇 쪽이나 읽었나: 12쪽
3. 어디에서 읽었나: 거실

아침마다 민철이가 불러주는 내용을 조그만 탁상 달력에 적었습니다. 처음에는 두세 쪽 읽는 게 다였지만 친구들이나 선생님 보기에 민망했던지 읽는 양이 조금씩 늘었습니다. 민철이는 약속한 한 달이 가기 전에 책을 다 읽었습니다. "민철이가 『완득이』를 완독했다"는 말이 한동안 우리 반 유행어가 됐습니다.

민철이는 다음부터는 엄마나 선생님이 읽으라고 하지 않아도 책을 읽었습니다. 책을 완독한 경험이 몹시 뿌듯했던 것입니다. 책 한 권을 끝까지 읽은 다음부터는 전에는 왜 안 읽었는지 모르겠다며 교실에 있는 학급문고를 차례차례 독파했습니다.

책을 완독하는 경험은 아이에게 성취감과 자신감을 심어줍니다. 독서도 한 번 성취감을 맛보면 더 어려운 책에 도전하게 돼 있습니다. 습관을 잡아 주는 지도가 뒤따른다면 말이지요.

매일 같은 장소에서 같은 분량을 꾸준하게 읽으면 독서가 빠르게 습관으로 자리 잡습니다. 이때 매일 얼마나 읽었는지 기록하게 해서 아이가 성취하는 기쁨을 맛보도록 해주세요. 빼먹지 않고 기록만 잘해도 책을 완독하는 일은 어렵지 않습니다. 한 번 책을 끝까지 다 읽고 나면 그다음은 쉽습니다.

가정에서 지도할 때는 형제나 자매가 기록하게 하세요. 서로 경쟁하듯 기록한답니다.

정약용과 정조가 실천한 초록(妙錄) 독서

『목민심서』와 거중기. 한국사를 배운 독자라면 두 단어를 듣자마자 다산 정약용을 떠올릴 겁니다. 정약용은 학자이자 다작한 작가입니다. 그는 유배지에서도 꾸준히 책을 썼고 평생 쓴 책만 500권이 넘습니다.

다산은 다작하는 비결을 초록하는 습관이라고 했습니다. 초록은 책을 읽으면서 중요한 구절을 따로 베껴 쓰는 것을 말합니다. 다산은 책을 읽을 때마다 초록을 따로 정리했습니다. 모아둔 초록은 책을 쓸 때 아이디어가 되었고 참고 자료가 되기도 했습니다. 정약용은 초록하는 독서를 정조에게 배웠다고 합니다.

정조는 조선 왕조에서 둘째가라면 서러울 정도로 열심히 공부하고 책을 읽던 왕입니다. 정조도 초록하는 독서를 매우 중요하게 생각했습니다.

"나는 평소에 책을 읽으면 반드시 초록하여 모았다."

"손수 써서 편집한 것이 수십 권이다."

정조가 신하들에게 한 말입니다. 정조는 책을 읽을 때 중요한 내용만 편집해서 모았습니다. 나중엔 초록만 모아서 책을 펴낼 정도였습니다.

초록은 책에서 핵심만 추린 요약본입니다. 독후감을 쓸 때도 유용하지요. 독후감으로 생각과 감상을 정리하는 것은 더없이 유익하지만 독후감 쓰기를 어려워하는 학생도 많습니다. 이런 학생들에게는 초록 쓰기를 가르쳐주면 쉽게 독후감을 쓸 수 있습니다.

초록 독서 지도하기

1. 독서 공책에 "○○○의 초록"이라고 제목을 씁니다.
2. 책 제목과 읽기 시작한 날짜를 기록합니다.

3. 책을 읽으면서 중요하다고 생각하는 문장이나 장면은 밑줄을 긋습니다.

4. 책을 다 읽으면 밑줄 그은 문장만 다시 읽습니다.

5. 밑줄 그은 문장 가운데 중요한 문장만 추려서 독서 공책에 옮겨 적습니다.

6. 초록만 모아서 독후감으로 짧게 정리합니다.

㉠ 김최고의 초록

제목: 나의 라임 오렌지 나무
읽기 시작한 날짜: 2018년 10월 20일부터 10월 22일까지
초록 문장: 3개
넌 역시 아무짝에도 쓸모없는 악질 녀석이야: 또또까 형이 한 말
저는 절대로 당신을 떠나고 싶지 않아요. 당신은 세상에서 제일 좋은 사람이니까요.
왜 아이들은 철이 들어야 하나요.

처음에는 아이와 함께 초록할 문장 개수를 정하세요. 저학년은 책 한 권에 초록 문장 두 개, 고학년은 책 한 권에 초록 문장 열 개 정도입니다. 초록할 문장 개수를 정해두면 문장을 고르기 위해서라도 더 집중해서 책을 읽습니다.

다독과 정독,
어떻게 선택해야 할까

다독(extensive reading)은 폭넓게 읽는 것을 말합니다.

정독(intensive reading)은 좁지만 깊게 읽는 것을 말합니다. 우리는 흔히 다독과 정독을 반대 개념으로 이해하지만 사실 다독과 정독은 읽기 관점이 다를 뿐입니다. 무엇이 좋고 무엇이 나쁘고의 문제가 아니라 읽는 글에 따라 다독할 것이냐 정독할 것이냐 선택해야 한다는 뜻입니다.

다독은 대부분 길고 쉬운 글을 대상으로 합니다. 앞에서 본 것처럼 『해리 포터』 시리즈는 분량이 상당합니다. 처음 보는 마법 주문과 낯선 등장인물이 나옵니다. 그렇지만 아이들은 『해리 포터』 시리즈를 어렵다고 생각하지 않습니다. 이런 생소한 단어들이 읽기에 걸림돌이 되지 않는 것은 아이들이 줄거리와 의미 파악을 위한 독서를 할 때 '흐름에 집중해서 빠르게 읽는 방식'을 선택하기 때문입니다.

정독은 깊고 좁게 읽는 것입니다. 학자들은 정독을 '집중하는 읽기'라고도 말합니다. 정독은 글의 표면에 드러난 직접적인 표현과 의미의 이해를 넘어서는 읽기입니다. 정독하는 글은 한 번에 쉽게 읽히지 않습니다. 읽기도 어렵지만 이해도 잘 안 돼서 몇 번이고 곱씹듯 읽어야 합니다. 개념이나 어휘, 표현이 어려우면 정독해야 합니다. 정독하는 글은 독자가 문장의 숨은 뜻과 어려운 어휘를 이해하기 위해 적극적으로 노력해야 합니다.

독자는 읽는 목적에 따라 읽기 방식을 달리 합니다. 똑같은 『해리 포터』 시리즈를 읽더라도 『트와일라잇』 시리즈와 비교해서 수행평가 보고서를 써야 한다면 정독해야 합니다. 이야기 흐름, 등장인물 성격, 작가의 숨은 의도 등을 촘촘하게 체로 걸러내듯이 읽어야 합니다. 그게 아니라면 아이는 이야기 흐름을 따라가는 다독 형식을 취합니다.

성연이는 중학교에 가서 책을 다양하게 많이 읽던 초등학교 때와 달리 비평을 위한 책 읽기를 많이 했습니다. 정독하고 나서 친구들과 함께 책 이야기 나누기, 보고서 쓰기, 같은 주제를 다룬 다른 책과 비교해서 감상평 쓰기 같은 활동들을 하면서 느리지만 깊은 읽기를 배웠습니다. 이를 보면서 중학교 읽기는 성숙한 독자가 되도록 깊이 생각하는 독서로 이끈다는 점이 초등 읽기와의 가장 큰 차이라고 생각했습니다.

성숙한 독자라면 읽는 목적에 맞는 적절한 읽기 방식을 스스로 찾아냅니다. 굳이 의식하지 않아도 자연스럽게 정독해야 하는 글과 다독해야 하는 글을 구별하고 적절한 읽기 전략을 사용하면서 읽습니다.

언어학자 데이비드 에스키(David Eskey)는 글 읽기가 수영과 같다고 말합니다. 다독은 수영 연습을 많이 하는 것과 같고, 정독은 수영을 잘하기 위해서 구분 동작을 하나씩 연습하는 것이죠. 수영 연습을 많이 하다 보면 저절로 수영이 몸에 배듯이, 책을 많이 읽다 보면 자연스럽게 이야기의 흐름을 따라가면서 읽게 됩니다. 정독은 이와 달리 의도적으로 연습할 필요가 있습니다.

수영을 잘하려면 개별 동작을 정확하게 연습하는 것도 중요하고 수영을 많이 하는 것도 중요합니다. 아이가 독서의 바다에서 마음껏 헤엄치려면 전략적 읽기 방식을 충분한 가르쳐주어야겠지요. 스스로 마음껏 독서의 바다를 맛볼 수 있다면 이미 성숙한 독자의 길로 접어든 것이지요.

정독과 다독,
독서 효과는 어떻게 다를까?

아마 많은 분들이 궁금해 하실 겁니다. '우리 아이는 다독을 한다', '우리 아이는 정독을 한다'며 구분해서 생각하지만 우리는 다독과 정독을 병행하면서 글을 읽습니다. 학자들은 따로 떼어서 정독만 하는 집단, 다독만 하는 집단을 구별하여 연구하는 일이 현실적으로 불가능하다고 말합니다.

이런 한계를 인정하고도 매번 같은 책을 읽어달라고 하는 아이와 매번 새로운 책을 읽어달라고 하는 아이의 차이를 살펴본 연구[30]가 있습니다.

연구는 40일 동안 진행됐습니다. 다독 집단은 하루에 책을 한 권씩 총 40권을 읽어주었습니다. 정독 집단은 같은 책 한 권을 5일 동안 읽어주어 총 8권을 읽었습니다. 연구 결과는 매우 흥미롭습니다. 같은 책 한 권을 여러 번 읽어준 정독 집단과 하루에 한 권씩 읽은 다독 집단 사이에서는 유창성, 창의성, 이야기 구성력 모두에서 차이가 없었습니다.

어릴 때 책을 많이 읽어주면 아이는 자라면서 다독하는 독자가 됩니다. 이때 적절한 전략적 읽기 방식을 배워서 정독할 수 있게 되면 아이는 점차 성숙한 독자로 나아갑니다. 이때도 옆에서 함께 읽고 책 이야기를 깊이 나누는 과정이 필요합니다. 독서 토론과 비평 쓰기가 필요한 때입니다.

중학교 3학년 성연이는 다독합니다. 특히 판타지를 즐겨 읽습니다. 어릴 때부터 좋아해서 시중에 출간된 온갖 판타지 시리즈는 거의 다 읽었습니다. 판타지를 얼마나 좋아했는지, 성연이는 초등학교 3학년 때 직접 『뱀파이어 헌터』, 『사이코메트리』 같은 판타지 소설을 썼습니다.

그런 성연이지만 중학교에 간 지금은 의도적으로 정독해야 할 때가 있습니다. 책을 읽고 비평하는 보고서를 써야 하고 수업 시간에는 독서 토론을 해야 하기 때문입니다. 성연이는 이때 책 한 권을 몇 번이고 읽고 또 읽는 식으로 정독합니다.

성연이는 정독과 다독을 이렇게 설명합니다.

"판타지는 내가 좋아하는 책이에요. 재미를 위한 책이기 때문에 즐기면서 읽어요. 문장 하나하나를 음미하듯이 읽는데, 너무 재미있는 책은 다 읽기 아까워서 일부러 천천히 읽어요. 나라면 이런 식으로 썼을 텐데 생각하면서 읽기도 하고요. 그렇지만 학교에서 읽으라고 하는 책은 그런 재미와 상관없이 수행평가를 위해서 읽어야 돼요. 그럴 경우는 보고서에 쓸 말을 생각하면서 읽어요. 보고서라는 목적이 있기 때문에 작가의 의도는 무엇일까, 왜 사건이 이렇게 진행됐을까, 다른 책에서는 같은 주제를 어떻게 다뤘을까 등을 살피면서 꼼꼼하게 깊이 읽어요."

중학생의 눈으로 다독과 정독을 설명한 말입니다. 어릴 때 다독했던 아이가 자라서 정독해야 하는 상황에 놓여서 한 이야기인 만큼 초등학교 고학년 학부모가 함께 생각해 볼 말이라고 생각합니다.

책을 깊이 이해하는
독서 능력을 길러주려면

오에 겐자부로(大江健三郎)는 일본에서 가장 유명한 소설가 가운데 한 사람입니다. 1994년 노벨 문학상을 받았고, 2012년에는 프랑스 문화예술 훈장을 받기도 했습니다. 그는 어머니가 사준 『허클베리 핀의 모험』을 아홉 살부터 열세 살까지 매일 읽었다고 합니다. 성인이 된 다음에는 소설 한 권을 읽어도 원서와 번역서를 비교하며 읽었고 책에서 시작되는 모든 내용을 샅샅이 찾아 3년 동안 읽었다고 합니다. 이런 남다른 독서 열정이 그를 노벨 문학상 수상 작가로 만들었겠지요.

요즘은 초등학교에서도 '슬로 리딩'이라고 불리는 천천히 읽기가 인기입니다. 초등학교 3학년 국어과 교육과정부터는 책 한 권을 완독할 수 있도록 아예 독서를 8차시 한 단원으로 구성

해 놓았을 정도입니다.

정독은 다독보다 쉽지 않습니다. 그러나 깊이 읽는 만큼 많은 것을 얻을 수 있습니다. 좋은 책을 한 권 골라서 정독하면 책을 완벽하게 내 것으로 만들 수 있습니다.

앞에서 살펴본 세종대왕의 백독백습(百讀百習)도 깊이 읽기에 해당합니다. 수백 번 읽으려면 그만큼 좋은 책이어야 하고, 읽었을 때 얻을 게 많아야겠지요.

저는 5학년과 6학년을 담임할 때 점심시간마다 학생들에게 성인용 『논어』를 읽어주었습니다. 칠판에 구절을 쓰거나 종이에 구절을 복사해서 나눠줬고 함께 소리 내 읽었습니다. 아이들이 한자를 잘 모르기 때문에 무슨 뜻인지 풀어서 설명했고, 삶에서 『논어』의 가르침을 실천할 수 있는 방법을 함께 토론하곤 했습니다. 짧은 시간이었지만 매일 꾸준하게 읽은 『논어』는 아이들의 마음에 깊이 파고들었고, 다툼이나 욕설이 없는 교실을 만드는 데 큰 도움이 되었습니다. 이런 변화에 학부모님들도 아주 좋아하셨습니다.

저는 학생들과 함께 읽은 『논어』를 인생 최고의 책으로 늘 꼽습니다. 물론 굳이 『논어』가 아니더라도 좋은 책을 천천히, 오래, 여러 번 반복해서 읽으면 내 것이 됩니다. 어떻게 해야 책을 깊이 읽을 수 있는지, 방법을 정리해 보았습니다. 아이들과 함께 좋은 책을 오래도록 즐기길 바랍니다.

첫째, 먼저 대충 훑어서 봅니다. 길고 두꺼운 책을 1쪽부터 천천히 읽으려면 자칫 지겨워질 수 있습니다. 먼저 여는말, 차례, 지은이 소개 등을 빠르게 훑어보는 게 좋습니다. '대충 어떤 내용이 나오겠구나' 추측하는 정도로 빠르게 훑습니다. 보는 것과 읽는 것의 차이는 앞에서 이미 살펴보았습니다. 이 단계에서는 훑어보기만 합니다.

둘째, 책을 처음부터 끝까지 읽습니다. 자신이 평소 읽는 속도대로 읽습니다. 빠르게 읽어도 좋고, 느리게 읽어도 좋습니다. 일단 처음부터 끝까지 읽습니다.

셋째, 같은 책을 적어도 2~3번 읽습니다. 적어도 2~3번은 읽어야 책을 제대로 맛볼 수 있습니다. 같은 책을 여러 번 읽으면 처음 읽을 때와 두 번째 읽을 때, 세 번째 읽을 때가 모두 다르다는 것을 알 수 있습니다. 앞에서 미처 놓치고 못 읽은 부분이 없는지 찾으면서 읽습니다.

넷째, 같은 주제를 다룬 책을 폭넓게 읽습니다. 저자가 쓴 다른 책 읽기, 저자가 소개한 책 읽기, 비슷한 주제를 다룬 책을 찾아서 읽기 등은 독서의 폭을 넓혀줍니다. 한 주제에서 파생된 다양한 버전의 책들을 읽으면 주제를 폭넓고 깊게 이해하는 데 도움이 됩니다. 번역서인 경우는 다양한 버전으로 읽어도 좋습니다. 『논어』도 어린이용이 있고 성인용이 있습니다. 어린이용은 아이가 이해하기 쉽게 써놓긴 했지만 아무래도 원전을 그대로 읽는 것이 좋습니다.

다섯째, 초록을 챕터별로 정리합니다. 책을 다시 읽으면서 초록을 정리합니다. 정약용과 정조처럼 초록하며 읽으면 책 요약이 쉽습니다. 문학적인 글은 흐름대로 초록을 쓰고, 비문학적 글은 어떤 부분을 초록할 것인지 염두에 두고 읽습니다. 초록을 쓰면 책에서 저자가 말하고자 하는 핵심에 더 깊이 접근할 수 있습니다. 초록만 모아도 800~1,000자 분량으로 책 한 권을 쉽게 요약할 수 있습니다.

여섯째, 글을 씁니다. 생각한 것, 느낀 것, 더 알고 싶은 것, 궁금한 것, 저자에게 묻고 싶은 것 등을 초록에 함께 메모해 두면 나중에 책을 읽고 나서 글을 쓰기가 쉽습니다. 이후 1,000자 이상 글쓰기를 할 것을 추천합니다.

이렇게 읽으려면 시간이 꽤 오래 걸리겠지요. 그러나 이런 식으로 책 한 권을 제대로 읽고 나면 책 한 권이 아닌 스무 권, 서른 권 분량의 독서와 맞먹는 독서력이 길러집니다. 많이 읽을 것이냐, 깊이 읽을 것이냐 묻는다면 많이, 그리고 깊이 읽으라고 답하고 싶습니다.

'신문 사설 읽기'로
정확하고 빠르게 읽는 능력 키우기

저는 수능 첫 세대입니다. 모의고사 때마다 아주 기다란 지문을 읽으면서 문제를 풀어야 했습니다. 지문이 워낙 길다 보니 읽다가 무슨 말인지 헷갈려서 앞으로 돌아가 다시 읽기도 했습니다. 긴 지문과의 싸움에서 이기려면 정확하고 빠르게 읽는 능력이 절대적으로 필요했습니다.

그러던 어느 날, 새로 오신 국어 선생님께서 수험생인 우리에게 매우 특별한 숙제를 내셨습니다. 바로 신문 사설 읽기였습니다. 선생님은 신문 사설을 매일 하나씩 스크랩하도록 했고 사설 읽는 방법을 따로 가르치셨는데, 아직도 그 방법이 기억에 생생합니다.

먼저, 문단마다 중심 문장을 찾아 밑줄을 긋게 했습니다. 그리고는 이 밑줄들을 모두 이어서 짧은 글로 다시 써보게 했습니다. 덕분에 매일같이 신문 사설을 읽고 중심 문장을 찾아 짧은 글쓰기로 요약하는 훈련을 했습니다. 결과는 놀라웠습니다. 모두의 국어 성적이 빠르게 상승했으니까요.

신문 사설은 문단의 첫머리에 글쓴이의 생각이 담긴 중심 문장(주제 문장)을 배치합니다. 뒤에 나오는 문장들은 모두 중심 문장을 뒷받침하기 위해 글쓴이가 의도적으로 넣은 것입니다. 특히 신문 사설은 분량이 보통 1,600자 정도로 문단은 크게는 10개, 작게는 6개로 구성됩니다. 잘 쓴 사설일수록 '열고 닫고' '열고 닫고' 하는 식의 짝수 문단 구조를 띠고, 주제 문장과 뒷받침 문장으로 정확하게 구성돼 있습니다.

이런 부분을 꾸준히 눈여겨 읽으면 점차 글의 구조와 맥락, 글쓴이의 의도와 논거 등이 눈에 들어오게 됩니다. 이 과정을 통해 논리적인 글쓰기에도 도움이 됩니다. 초등학교 고학년만 되어도 아이들이 관심 갖는 주제들이 사설로 종종 다뤄집니다. 함께 읽고 공부하면 아이들과 부모님 모두에게 유익한 읽기가 되겠지요.

06

왜 사춘기 아이들은
책을 안 읽을까

"읽기 싫어요."

책을 매일 파던 아이가 중학교에 들어가서는 책을 거들떠보지도 않는 것이 이상해서 물어봤을 때 성연이가 했던 말입니다. 학교 공부도 해야 하고 숙제도 해야 하고 수행평가도 준비해야 해서 너무 바쁘다고 덧붙였지만 사실 가장 결정적인 이유는 책을 읽기 싫었던 거라고 생각합니다.

사춘기가 된 다음 책을 읽지 않는 성연이를 보면서 아주 많이 고민했습니다. 무엇이든 아이가 원하지 않으면 억지로 시키지 않았는데, 막상 책을 읽지 않는 모습을 보니 어떻게 해야 할지 판단이 서지 않았습니다. 혼냈다가 괜히 역효과가 나면 어떻게 하지, 때가 되면 다시 책으로 돌아오지 않을까, 집에 수준에 맞는 책이 없는 걸까, 많이 고민했습니다. 자녀의 사춘기를 경험한 부모들은 아마 제 심정을 이해할 겁니다.

결론을 먼저 말하면 지금 성연이는 읽고 싶은 책을 읽습니다. 좋아하는 판타지를 읽기도 하고, 본인이 필요할 때는 학교에서 선정한 도서들을 찾아서 읽기도 합니다. 전만큼 많이 읽지는 않지만 아예 책과 담을 쌓고 지내던 것에서 벗어난 것 같긴 합니다.

중학생 아이를 독서로 이끌려면 무엇보다 책이 재미있어야 합니다. 한 연구에서 중학생들은 일반 도서를 읽지 않는 이유를 '재미가 없어서'(46.16%), '글 내용이 너무 많아 읽기 귀찮아서'(19.23%), '시간이 많이 걸려서'(26.92%), '생각하면서 읽어야 해서'(7.69%)로 응답했습니다.

연구 결과를 보지 않아도 압니다. 사춘기 아이는 아무리 좋은 책이어도 재미가 없으면 절대 읽지 않습니다. 인문 고전이나 세계 명작이나 하는 책도 소용없습니다. 집에 청소년용 세계 명작이 있지만 성연이는 지루하다고 어지간해서는 읽지 않습니다.

청소년이 읽을 만한 재미있는 책이 절대적으로 필요하다고 생각합니다. 성연이는 재미있는 책이 없다고 아무렇지 않게 말합니다. 사춘기 아이들 눈높이에 맞는 또래 이야기가 많이 나와야 합니다. 주인공과 동일시할 수 있을 때 아이들은 흥미를 갖습니다. 『해리 포터』 시리즈가 초등학생들에게 폭발적인 인기를 끌었던 것도 주인공이 자기 또래 아이였기 때문입니다. 동일시할 만한 재미있고 좋은 책이 너무나 절실합니다.

사춘기 아이에게 여가 시간을 주는 것도 중요합니다. 하루 공부 시간이 대한민국 청소년만큼 긴 나라는 세계 어디에도 없습니다. 우리 아이들에게 교과서 대신 책을 즐길 틈 정도는 줘야 하지 않을까요.

끝으로 입시 때문에 책을 읽게 하는 일만은 없었으면 좋겠습니다. 아이들이 원하는 대학에 진학하고 좋은 일을 하는 훌륭한 어른으로 성장하는 것은 중요합니다. 논술을 잘 쓰는 것도 중요하고 수능 지문을 잘 읽는 것도 중요합니다. 그러나 적어도 독서만큼은 "좋은 대학에 가려면 책 많이 읽어야 돼"가 아니라 그저 재미있어서 책을 읽는다는 말이 나오면 좋겠습니다.

AI 시대에
왜 책을 읽어야 할까요

같은 질문을 아이들에게도 어른들에게도 참 많이 들었습니다. AI가 이렇게나 빠른 속도로 발달하는데, 왜 굳이 책을 읽고 영어를 배우고, 역사 공부를 하냐고요. 그도 그럴 것이 요즘 아이들은 모르는 것이 생기면 유튜브나 검색창에 묻습니다. 어른들도 마찬가지입니다. 게다가 답은 몇 초면 후루룩 나옵니다. 심지어 AI는 책 한 권 분량의 내용을 순식간에 원하는 분량으로 요약까지 해줍니다.

이런 시대에 왜 굳이 시간을 들여 책을 읽어야 할까요. 그런데 이렇게 생각해보세요. AI가 잘하는 것과 책 읽기가 키워주는 것은 전혀 다릅니다.

AI는 답을 주지만, 책은 질문을 만들어줍니다

AI는 "세종대왕이 한글을 만든 이유가 뭐야?"라고 물으면 즉시 답해줍니다. 너무나 정확하고 빠릅니다. 그런데 책을 읽는 동안 우리 뇌에서는 다른 일이 일어납니다. 앞에서 이미 다양하게 살펴보았듯이 인간의 뇌는 읽는 행위를 하는 동안 뇌의 모든 영역을 활성화시켜 스스로 진화해 갑니다. 사고 행위의 최고 정점에 있는 것은 단연 독서와 글쓰기입니다.

책을 읽으면 우리 뇌는 "왜 그랬을까?", "나라면 어떻게 했을까?", "아, 안타깝다. 주인공의 행동은 꼭 그래야 했을까?" 같은 다양한 질문을 스스로 만들어냅니다. 창조의 행위와 이어지는 것이지요. 반면 AI가 답을 주면 우리 뇌는 쉽니다. 스톱의 상태가 돼버리죠. 책을 읽는 동안 우리 뇌는 쉬지 않고 일합니다. 그 차이가 생각하는 힘의 차이로 이어집니다.

AI는 정보를 전달하지만, 책은 감정을 전달합니다

소설 속 주인공이 악당에게 괴롭힘을 당할 때, 우린 함께 화가 나고 억울함을 느낍니다. 사랑하는 연인을 잃은 주인공에 나도 모르게 눈물을 흘립니다. 가슴이 먹먹하고 마음이 아련해지죠. 이것이 바로 공감입니다. 우리 눈에 보이지 않는 상상의 주인공을 떠올리며 감정을 이입하는 힘, 이건 인간만이 가진 힘입니다.

AI는 "이 장면은 슬픈 장면입니다"라고 설명은 할 수 있습니다. 하지만, 함께 슬퍼하거나 안타까워할 수는 없습니다. 책을 많이 읽은 아이가 친구의 마음을 더 잘 이해하고, 갈등 상황에서 더 지혜롭게 행동하는 이유가 여기에 있습니다. 공감 능력은 AI가 줄 수 없는, 오직 사람만이 가질 수 있는 능력입니다.

AI는 빠르게 처리하지만, 책은 천천히 생각하게 합니다

우리는 지금 너무 빠른 세상에 살고 있습니다. 짧은 영상, 짧은 글, 짧은 대화에 익숙해진 뇌는 길고 복잡한 것 앞에서 생각하기를 쉽게 포기합니다. 책은 속도가 느리고 더딥니다. 이렇게 한 문장 읽고 멈추고, 생각하고, 다시 읽는 과정은 뇌를 깊게 단단하게 훈련합니다. 신경과학자들은 이것을 '깊이 읽기'라고 부릅니다.

깊이 읽기를 꾸준히 한 사람은 복잡한 문제 앞에서 쉽게 흔들리지 않습니다. AI가 아무리 발전해도 대신해줄 수 없는 능력입니다.

AI 시대에 가장 필요한 능력은 결국 책에서 나옵니다

전문가들은 AI 시대에 살아남을 능력으로 한결같이 세 가지를 꼽습니다. 비판적 사고, 창의력, 공감 능력입니다. 놀랍게도 이 세 가지는 모두 독서가 키워주는 능력입니다. AI는 주어진 질문에 답하지만, 어떤 질문을 해야 하는지는 사람이 결정해야 합니다. AI가 만들어낸 수많은 정보 중 무엇이 옳고 그른지 판단하는 것도 사람이 해야 할 일입니다. 이 판단력을 키우는 가장 오래되고 가장 확실한 방법은 다름아닌 책 읽기입니다. 결국 AI 시대일수록 책을 읽어야 합니다.

AI가 발전할수록 단순히 정보를 아는 것의 가치는 낮아집니다. 대신 스스로 생각하고, 느끼고, 판단하는 능력의 가치는 더 높아질 수밖에 없습니다. 아이에게 AI의 바른 사용법을 가르치는 것도 중요합니다. 그러나 AI가 흉내 낼 수 없는 사람다운 능력을 키워주어야 합니다. 그 시작은 단연 책입니다. 오늘 아이 곁에 앉아 함께 책을 펼쳐보세요. 그것이 AI 시대를 살아갈 아이에게 줄 수 있는 가장 단단한 선물입니다.

한글,
찬찬히 재미있게
가르치기

1. 한글 공부에 앞서 준비할 것은

저는 아이들에게 한글을 가르칠 때 세종대왕 이야기를 들려주곤 했습니다. 아이에게 어떤 방식으로 이야기해야 하는지 잘 모르겠다는 학부모님들을 위해 준비했습니다. 한글 공부에 앞서 세종대왕 이야기도 꼭 들려주세요.

세종대왕과 한글 이야기

세종대왕은 조선 4대 임금입니다. 당시 조선은 중국인이 쓰는 한자를 문자로 썼습니다. 한자는 불편하게도 글자를 하나씩 외워야 합니다. '하늘 천, 땅 지' 하면서 매일 외워도 잊어버리기 일쑤죠. 양반으로 태어난 일부를 제외하고는 먹고살기 바빠 한자를 공부할 겨를조차 없었습니다. 글을 모르는 백성은 할 말이 있어도 한자를 모르니 따질 수도 없었고요.

보다 못한 세종대왕은 불쌍한 백성에게 글자를 만들어주기로 마음먹었습니다. 세종대왕은 새로운 글자가 세상에서 가장 배우기 쉬운 글자여야 한다고 생각했습니다. 그래야 바쁜 백성이 익힐 수 있으니까요. 그뿐 아니라 우리말에만 있는 고유한 소리와 백성이 쓰는 다양한 사투리까지 표현할 수 있어야 했습니다. 글자를 만드는 원리도 과학적이어야만 했지요.

세종대왕은 직접 문자 연구를 시작했습니다. 공부가 취미이고 독서를 밥 먹듯이 했던 훌륭한 세종대왕이 이십 년 넘게 연구한 끝에 드디어 세상에 문자를 내놓습니다. 이름은 훈민정음(訓民正音), 백성을 가르치는 바른 소리라는 뜻이에요.

언어학자들이 세계 최고라고 인정하는 문자, 인간이 입으로 내는 거의 모든 소리를 표기할 수 있는 표음문자인 훈민정음이 세상에 태어난 것이죠. 인류 역사에 세종대왕 말고는 백성을 위해 문자를 만들어준 왕은 없습니다. 이전에도 없고 이후에도 없답니다.

엄마표 한글 교구 만들기

성연이를 키울 때 글자 카드를 냉장고며 책상이며 곳곳에 붙여놓고 자주 보여줬습니다. 성연이는 글자 카드를 좋아하지 않았고 잘 외우지도 못해서 나중에는 모두 떼어버리고 책만 읽어줬습니다.

유진이에게 한글을 가르칠 때는 글자 카드를 쓰지 않았습니다. 그보다 한글 음절표나 낱말 퍼즐을 더 잘 썼습니다. 비싸고 고급스러운 교구를 사는 대신 유진이와 함께 만들어서 글자 놀이를 했습니다. 유진이는 엄마와 함께 만든 한글 교구를 아주 좋아했습니다.

가정에서 직접 만드는 한글 교구

준비물 A4 용지 여러 장, 보드마카 빨간 펜과 파란 펜, 검정색 네임펜

1. A4 용지를 여러 장 코팅합니다.

2. 코팅한 A4 용지를 네임펜으로 4칸 나눕니다. 어울리는 글자를 써보게 합니다.

예 닭, 넓, 았 등

3. 코팅한 A4 용지를 네임펜으로 3칸 나눕니다. 어울리는 글자를 아이와 함께 찾아봅니다.

예 은, 를, 손 등

4. 코팅한 A4 용지를 네임펜으로 3칸 나눕니다. 어울리는 글자를 함께 찾아봅니다.

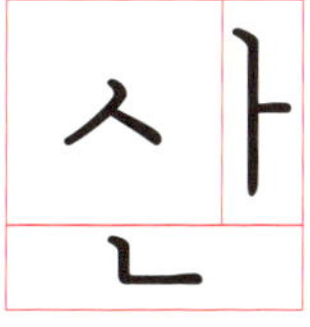

예 강, 인, 산 등

5. 코팅한 A4 용지를 네임펜으로 2칸 나눕니다. 어울리는 글자를 함께 찾
   아봅니다.

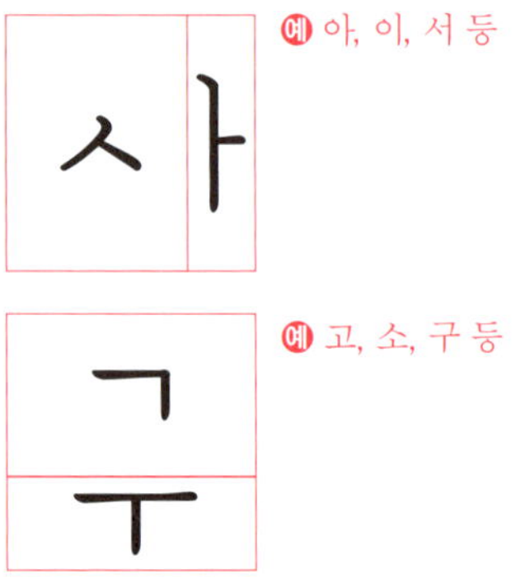

아이들은 글자를 잘 몰라도 자기 이름은 알아봅니다. 아이들과 친숙한 이름자부터 한글 교구로 놀면서 재미있게 가르쳐 주세요. 놀이에 익숙해지면 자음은 빨간 펜으로 모음은 파란 펜으로 씁니다. 글자가 자음과 모음이 조합되어 만들어진다는 것을 시각적으로도 쉽게 이해할 수 있습니다.

활동 예시 글자 미로 만들기

준비물 코팅한 A4 용지, 보드마카(검정)

1. 코팅한 A4 용지를 준비합니다.
2. 보드마카로 배울 글자를 씁니다.
3. 종이를 꽉 채울 만큼 글자를 크게 씁니다.

4. 글자 테두리에 가시를 그려 넣습니다.

5. 시작과 끝을 표시하면 훌륭한 글자 미로가 됩니다.

코팅한 종이에 보드마카로 그리면 몇 번이고 새롭게 글자 미로를 만들 수 있습니다. 엄마와 아이가 함께 만들어서 같이 풀어도 좋고 아이가 만든 글자 미로를 엄마가 풀어도 좋습니다. 글자를 처음 배우는 아이에게는 글자가 놀이여야 지루해 하지 않습니다.

활동예시 숨은 낱말 찾기

준비물 잡지·신문지·인터넷 등에서 구한 사진, 매직, A4 용지
1. 잡지에서 그림을 하나 오립니다.
2. 오린 그림에 생각나는 낱말을 매직으로 씁니다.
3. 낱말을 응용해서 짧은 문장을 만듭니다.

　　　　例 마녀가 카레에 풍선을 넣었다.

4. 의성어나 의태어를 넣습니다.

　　　　例 마녀가 보글보글 끓는 카레에 풍선을 퐁당 넣었다.

5. 만든 문장을 큰 소리로 함께 읽습니다.

잡지나 신문에는 다양한 사물과 인물 사진이 많습니다. 짧은 글을 만들거나 어울리는 의성어와 의태어를 찾아보게 하는 글자 놀이를 하면 좋습니다.

2. 한글 공부, 글자 소리부터 시작해요

낱말 여러 개가 모이면 문장이 됩니다. 낱말은 음절로 쪼갤 수 있고, 음절은 본체와 중성으로, 본체는 다시 가장 작은 소리 단위인 음소로 나뉩니다. 글자 소리를 알아차리는 것을 음운 인식이라고 하는데, 보통은 음운 인식력이라고 부릅니다.

例 감사

낱말: 감사

음절: /감/, /사/ (2음절: 음절 수 = 글자 수)

복잡하지요? 하지만 굳이 이런 식으로 분석하지 않아도 한국에서 성장한 사람이라면 글자를 보면 소리가 저절로 떠오릅니다. '가'를 /ㄱ/ /ㅏ/로 읽는다는 걸 설명하지 않아도 알지요. 그동안 수많은 글자를 읽고 쓰면서 소리와 글자를 일대일로 완벽하게 연결했기 때문입니다. 아이도 소리와 글자를 연결(음운 인식)할 수 있어야 글자를 정확하게 읽고 쓸 수 있습니다.

우리 아이는 음운 인식을 얼마나 잘할까

아이가 음운 인식을 잘하는지 확인할 수 있도록 학자들이 만든 평가 과제[31]입니다 내용이 어렵지 않아 집에서도 쉽게 해볼 수 있습니다.

1. 다른 소리 찾기 (oddity task)

질문: ('무릎', '머리', '가방' 그림 카드를 보여주면서) 이 중에서 다른 소리로 시작하는 건 무엇일까요?

답: 가방 (제시한 단어 가운데 '가방'만 첫소리(초성)가 ㄱ입니다.)

질문: ‘불’, ‘볼’, ‘옷’ 가운데 다른 소리로 끝나는 단어는 무엇
인가요?

답: 옷 (제시한 단어 가운데 ‘옷’만 끝소리(종성)가 ㅅ입니다.)

2. 음운 숫자 세기 (syllable and phoneme counting)

질문: ‘볼’에는 소리가 몇 개 들어 있을까요?

답: 음절로는 /볼/ 하나, 음소로는 / ㅂ /, / ㅗ /, / ㄹ / 세 개

3. 소리 합치기 (blending)

질문: ‘고’, ‘양’, ‘이’ 소리들을 합하면 무슨 말이 되나요?

답: 고양이

4. 소리 나누기 (segmentation)

질문: ‘분수’를 작은 소리로 나누면 어떤 소리가 들어 있나요?

답: 분, 수

질문: ‘수’를 더 작은 소리로 나눌 수 있을까요?

답: / ㅅ /, / ㅜ /

5. 음운 탈락 (sound deletion or elision)

질문: ‘비옷’에서 ‘옷’ 소리를 빼면 무슨 소리가 남나요?

답: 비

음운 인식 지도하기

음운 인식 평가하기로 아이가 음운 인식을 어느 정도 하는지 파악했을 것입니다. 만약 음운 인식을 잘 못한다면 몇 번이고 소리 내어 들려주어야 음운을 바르게 알 수 있습니다. 다음에 소개하는 방법들을 차근차근 따라하면 음운 인식 지도에 도움이 될 것입니다.

1. 음절 인식: 글자마다 손뼉 치기

한글은 음절 수와 글자 수가 일치합니다. 글자를 소리 낼 때마다 손뼉을 한 번씩 치게 하세요. 아이가 음절 수와 글자 수가 일치한다는 것을 쉽게 이해합니다.

강아지 – 3음절: 강(손뼉 한 번), 아(손뼉 한 번), 지(손뼉 한 번)

나무 – 2음절: 나(손뼉 한 번), 무(손뼉 한 번)

숲 – 1음절: 숲(손뼉 한 번)

2. 음절을 본체와 중성으로 나누기

글자에서 초성 + 중성까지 본체, 나머지가 종성입니다. 아이들은 흔히 본체가 같은 글자를 보면 헷갈려 하는 경우가 많습니다. 본체와 중성을 구별하게 되면 이런 오류가 줄어듭니다.

손 - 본체 ㅅ + ㅗ, 종성 ㄴ

솜 - 본체 ㅅ + ㅗ, 종성 ㅁ

질문: (천천히 소리 내면서) '손', '솜' 두 단어에 들어 있는 같은 소리는 무엇인가요?

답: '소'입니다.

질문: (천천히 소리 내면서) '분', '불' 두 단어에 들어 있는 같은 소리는 무엇인가요?

답: '부'입니다.

3. 음소 인식: 낱말 퍼즐로 가르치기

자음과 모음은 글자마다 소리가 다르게 납니다. 음소 인식은 글자에서 자음과 모음 소리가 다르게 난다는 사실을 알아차리는 것을 말합니다. 학자들은 아이마다 발달 속도가 다르긴 하지만 만 4세면 아이가 음소를 인식할 수 있다고 말합니다. 음소 인식은 앞에서 만든 낱말 퍼즐을 활용하면 쉽게 가르칠 수 있습니다.

질문: '방'에는 소리가 세 개 들어 있어요. 함께 찾아볼까요?

답: /ㅂ/, /ㅏ/, /ㅇ/ 소리가 세 개 들어 있어요.

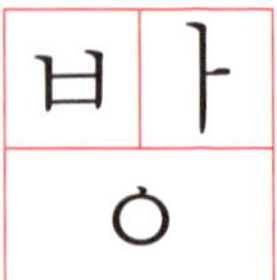

질문: 소리 글자를 한 칸에 하나씩 넣어볼까요?

이렇게 '방' 소리가 나는 글자를 만들려면 소리가 세 개 필요하다는 것을 알게 되는 것이 음운 인식력입니다.

질문: '하'에는 소리가 몇 개 들어 있을까요?
답: 두 개 들어 있어요.
질문: 어떤 소리인지 말해 보세요.
답: /ㅎ/과 /ㅏ/입니다.

초등학교 1학년 1학기 국어 교과서에서는 받침 있는 글자를 배우면서 낱말 퍼즐을 활용했습니다. 국어 교과서는 '자 + 받침 ㅁ = 잠', '코 + 받침 ㅇ = 콩' 두 낱말을 예로 들었습니다. 앞에서 살펴본 '본체 + 종성'으로 글자를 나눴다는 걸 알 수 있습니다.

저는 유진이에게 음소 인식을 가르칠 때 낱말 퍼즐 교구를 활용했습니다. 제가 단어를 부르면 유진이는 자음과 모음 글자를 찾아서 퍼즐 판에 끼워 넣었습니다. 나중에는 종이에 틀만 그려서 썼습니다.

3. 한글 공부, 원리를 알면 재미있어요

세종대왕은 훈민정음을 크게 다섯 가지 원리로 창제했습니다. 먼저 '선택'의 원리입니다. 세종대왕은 하늘, 땅, 사람을 글자의 기본 틀로 선택하여 자음자와 모음자의 원형을 만들었습니다.

도형	자음 기본자	모음 기본자
동그라미	ㅇ	·
네모	ㅁ	―
세모	ㅅ	ㅣ

다음은 '확장'입니다. 세종대왕은 동그라미, 네모, 세모 모양을 자음 기본자로 만들고, 이를 압축해서 모음 기본자 ·, ―, ㅣ와 자음 기본자 ㅇ, ㅁ, ㅅ을 만들었습니다. 또한 자음과 모음 기본자에 획을 더하여 다른 글자들을 만들어냈습니다. 인류 역사에서 획을 더하는 확장 원리로 창제한 문자는 훈민정음밖에 없다[32]고 합니다.

1. 모음자 확장 원리 설명하기

① 질문: ㅣ 왼쪽에 · 을 더하면 무슨 글자가 될까요?

　답: ㅓ가 됩니다.

② 질문: ㅓ에 · 을 하나 더하면 무슨 글자가 될까요?

　　답: ㅕ가 됩니다.

③ 글자와 소리를 외울 때까지 반복해서 읽습니다.

　　아 야 어 여 오 요 …

2. 자음자 확장 원리 설명하기

① 도화지에 크게 기본 자음자(ㄱ ㄴ ㅁ ㅅ ㅇ)를 씁니다.

② 기본 자음자에 획을 하나씩 추가합니다.

　　ㄱ → ㅋ

　　ㄴ → ㄷ → ㅌ → ㄹ

　　ㅁ → ㅂ → ㅍ

　　ㅅ → ㅈ → ㅊ

　　ㅇ → ㅎ

3. 전이의 원리 설명하기

　　ㅁ → ㅂ → ㅍ

획을 추가하는 원리대로라면 ㅁ도 위에 ―가 하나 올라간 형태여야 합니다. 그런데 ㅂ은 ㅁ 양끝을 위로 잡아당긴 모양입니다. ㅍ도 ㅁ 위에 ―를 두 개 올리지 않고 ㅁ 양쪽 끝을 좌우로 길게 잡아당긴 모양입니다.

훈민정음은 모든 글자를 단순하게 획을 추가해서 만들지 않았습니다. 발상을 전환하여 글자를 변형하기도 했습니다. 학자들은 이를 전이의 원리라고 부릅니다. 이런 원리를 설명해 주면 한글을 만들 때 뜻과 원리가 있었다는 사실에 아이들이 몹시 놀라워합니다.

4. 글자 쌓기 놀이로 알아보는 통합의 원리

글자 쌓기 놀이로 자음과 모음이 결합하여 새로운 글자를 만들어내는 통합의 원리를 알아볼 수 있습니다. 훈민정음 기본 자음자는 천지인을 압축한 자음 ㅇ(모음 •), 자음 ㅁ(모음 ―), 자음 ㅅ(모음 ㅣ)입니다. 순서대로 쌓으면 자음은 사람 모양, 모음은 탑 모양(⊞)이 됩니다.

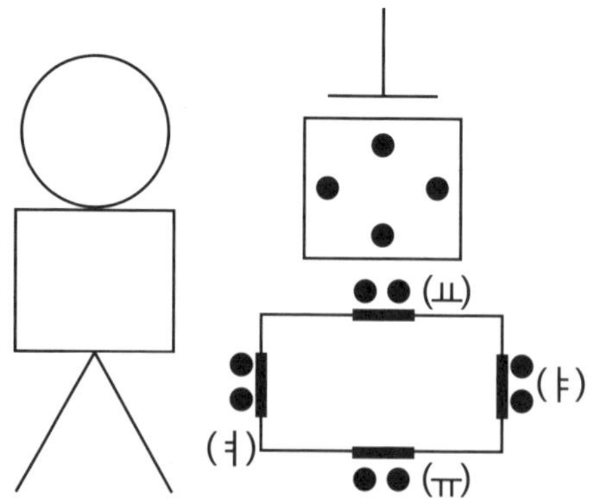

어른에게는 낯설지 몰라도 글자를 처음 배우는 아이들에게 통합의 원리는 직관적으로 한글을 이해하는 데 도움이 됩니다.

자음자와 모음자를 직접 가지고 놀면서 사람 모양으로도 만들어보고, 탑 모양으로도 쌓아보게 하세요. 한글이 만들어진 제자 원리를 깨치면 글자를 배우는 것이 한결 쉬워집니다.

4. 한글 공부, 국어 교과서로 자음자를 익혀요

초등학교 1학년 아이들은 노는 것이 공부입니다. 교과서도 가만히 앉아서 배우는 게 아니라 놀면서 배우도록 합니다. 가정에서도 학습이라고 생각하지 말고 아이와 글자로 재미있게 놀아준다고 생각하면 좋겠습니다. 초등 1학년 1학기 국어 교과서에서 다루는 자음 배우기를 교사용 지도서를 바탕으로 정리했습니다.

[활동 예시] 자음 익히기: 재미있게 ㄱㄴㄷ

1. 생활에서 자음 찾아보기
① 그림을 보여줍니다. **[예]** 교실, 나무, 모니터
② 그림에서 연상되는 자음자를 찾아보게 합니다. **[예]** ㄱ, ㄴ, ㅁ
③ 자음자를 함께 읽어봅니다.

2. 자음자 이름 알기

① 자음자의 이름을 알아봅니다.　 ㄱ(기역), ㄴ(니은), ㅌ(티읕)

② 크게 소리 내어 자음자를 읽어봅니다.

③ 자음자 카드를 보고 소리 내서 읽어봅니다.

3. 자음자 퍼즐 맞추기

① 도화지를 6등분이 되게 접습니다.

② 도화지에 자음자를 크게 씁니다.

③ 도화지를 6조각으로 오려서 나눠줍니다.

④ 퍼즐을 맞춰보게 합니다.

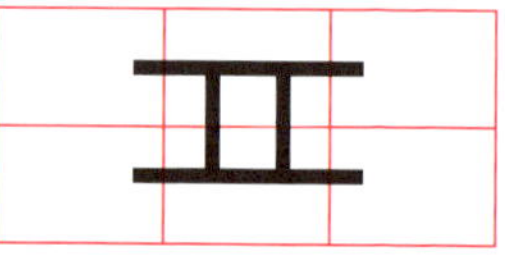

4. 자음자 몸으로 만들기

① 손으로 자음자 모양을 만들어봅니다.

② 몸으로 자음자 모양을 만들어봅니다.

③ 엄마와 함께 손과 몸으로 자음자 모양을 만들어봅니다.

5. 자음자 소리 알기

① 자음자 소리를 ㄱ부터 차례대로 따라서 읽어봅니다.

　　 가지, 나무딸기, 도토리, 레몬

② 자음자를 공책에 써봅니다.

※ 자음을 지도할 때 주의할 점

① 자음은 이름을 알면 글자 소리를 추측할 수 있습니다.[33] 예를 들어 ㄱ은 '기역'으로 읽습니다. 첫소리 /ㄱ/가 글자 소리입니다. ㄴ은 '니은'으로 읽고 첫소리 /ㄴ/가 글자 소리입니다. 원리를 설명한 다음 나머지 글자들을 천천히 함께 읽습니다.

② 다른 글자 소리를 추측하게 합니다.

질문: ㅈ(지읒)은 어떤 소리가 날까?

답: /ㅈ/

③ 소리를 따라 하게 합니다.

④ 글자와 소리가 완전히 대응하도록 이 과정을 반복합니다.

⑤ 모양이 비슷한 글자는 헷갈릴 수 있으므로 시간을 두고 가르칩니다.

예 ㅈ과 ㅊ, ㄷ과 ㅌ 등

5. 한글 공부, 국어 교과서로 모음자를 익혀요

한글은 소리를 표기하기 위해 만든 표음문자입니다. 여러 연구에서 자모 이름과 음 소리를 익히는 학습을 받은 아동이 읽기와 글자 쓰기 능력에서 그렇지 않은 아동보다 뛰어난 것으로 나타났습니다.

초등 1학년 1학기 국어 교과서에서 모음자를 배우는 부분을 엄마와 함께하는 놀이로 정리했습니다. 자음을 배울 때처럼 글자로 재미있게 놀아주세요.

음자 익히기: 다 함께 아야어여

1. 생활에서 모음자 찾아보기

① 그림을 준비합니다.

② 그림에서 연상되는 모음자를 찾아봅니다.

③ 모음자를 함께 읽습니다.

2. 모음자 이름 알기

① 모음자의 이름을 알아봅니다.　예 ㅏ(이름: 아), ㅑ(이름: 야)

② 입으로 크게 소리 내어 모음을 읽습니다.

③ 몸으로 모음자를 만듭니다.

　　예 ㅏ (반듯하게 서서 한쪽 팔을 수직으로 올려요)

　　　ㅣ (반듯하게 손을 몸에 붙이고 서요)

3. 모음자 찾기

① 시장 사진을 준비합니다.

② 사진에 나오는 물건 이름을 말합니다.　예 파, 오이, 가지, 고구마

③ 찾은 물건 이름에서 모음자만 고릅니다.

④ 모음만 사인펜으로 진하게 덧씁니다.　예 파

4. 모음자 카드놀이

① 하나, 둘, 셋 외치면서 동시에 모음자 카드를 내밉니다.

② 엄마와 내가 뽑은 모음자 카드를 큰 소리로 읽습니다.

ㅏ	ㅓ	ㅗ	ㅜ	ㅡ
ㅑ	ㅕ	ㅛ	ㅠ	ㅣ

※ 크게 인쇄해서 활용하세요.

5. 같은 모음자가 들어간 단어 찾기 놀이

① 엄마가 같은 모음자로 시작하는 낱말을 두 개 말합니다.

　　예 가방, 파도 (ㅏ로 시작)

② 같은 모음자로 시작하는 낱말을 아이가 말합니다.

　　예 아기, 바람 (ㅏ로 시작)

6. 모음자 점판 놀이

① 점판을 준비합니다.

② 점판에 고무줄로 ㅣ, ㅡ를 여러 개 만듭니다.

③ 엄마가 불러주는 모음자를 아이가 만들어
　　봅니다.

　　예 야 (ㅣ에 · 두 개 연결)

　　　오 (ㅡ에 · 한 개 연결)

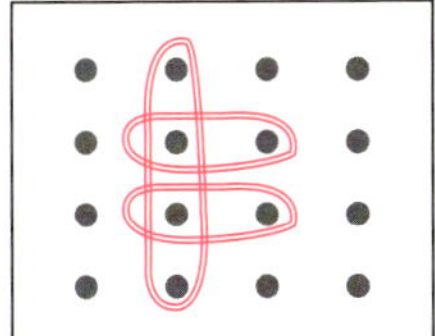

7. 모음자 써보기

① 공중에 모음자를 씁니다.

② 왼쪽부터 씁니다.

　　예 아: ㅇ → ㅣ → ·

　　　여: ㅇ → · → · → ㅣ

③ 공책에 모음자를 씁니다.

8. 낱말 카드 만들기

① 낱말을 읽어줍니다.　　예 도토리, 새우

② 모음이 빠진 낱말 카드를 보여줍니다.

③ 모음을 채워넣습니다.

④ 완성된 낱말을 큰 소리로 함께 읽습니다.

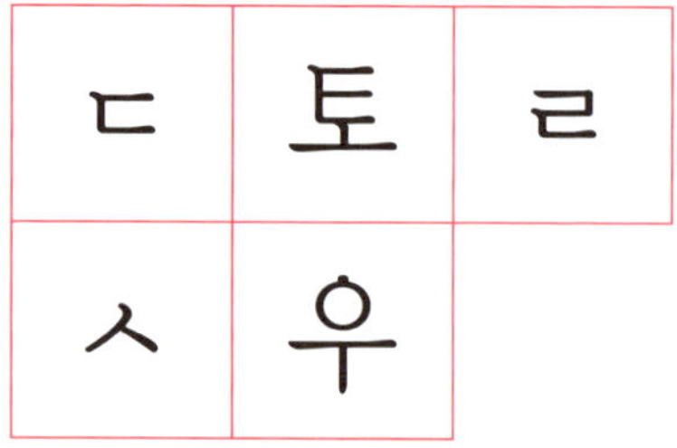

6. 한글 공부, 한 글자 낱말을 읽어요

자음자와 모음자를 익힌 다음은 낱말을 읽어야 합니다. 낱말을 읽으려면 앞에서 살펴본 것처럼 '언어 능력(음운 인식)'과 '자모글자 지식(자음자와 모음자 알기)' 두 가지 능력을 갖추어야 합니다. 혹시라도 놓친 단계가 없는지 꼼꼼하게 챙겨주세요.

연구에 따르면 낱말 읽기는 크게 네 단계로 발달합니다. 첫 단계는 자모글자와 소리 관계를 이해하기 전 단계로 글자에 흥미를 보이는 때입니다. 이때는 그림과 글자를 덩어리처럼 이해하기 때문에 유튜브 로고를 보고 '캐리 언니'라고 읽지만 실제로는 아직 글자를 읽지 못합니다. 두 번째 단계는 글자와 소리 대응을 일부만 이해합니다.

세 번째 단계에서는 자모글자를 알고 정확하게 읽을 수 있습니다. 자음자와 모음자 소리를 알면 처음 보는 글자여도 읽을 수 있습니다. 네 번째 단계는 자모글자와 소리 통합 단계입니다. 음운 변화가 있는 낱말이라도 비슷한 단어를 읽었던 경험을 살려서 소리를 추측해서 읽을 수 있습니다.

자모글자를 알아서 정확하게 읽을 수 있다고 해도 곧바로 유창하게 읽진 않습니다. 정확하지만 느리게 읽으면 유창한 읽기가 아닙니다. 유창성이 떨어지면 읽는 속도가 느려 읽기 이해력도 함께 떨어집니다. 유창성을 기르려면 반복해서 같은 문장을 읽는 것이 좋습니다.

읽기 정확성: 또박또박 틀리지 않고 읽기
읽기 유창성: 빠른 속도로 글자를 보자마자 읽을 수 있는 능력

한글은 초성과 중성이 만나서 글자가 되는 경우(차, 수, 보 등)가 62%로 가장 많습니다. 자음 + 모음 + 자음인 경우(감, 상, 손 등)는 25%, 모음만 있는 경우(아, 오, 우 등)가 11%, 모음 + 자음인 경우(은, 양 등)가 2% 비율을 차지합니다.[34] 낱글자 읽기를 지도할 때도 비율이 높은 순서로 가르치는 게 효율적이겠지요.

 **글자 만들기 지도하기**

1. 초성 + 중성 글자 지도하기

ㅁ은 어떻게 읽지요?

/ㅁ/라고 읽어요.

ㅏ는 어떻게 읽지요?

/아/라고 읽어요.

마(글자를 가리키며)는 어떻게 읽을까요?

/마/라고 읽어요.

천천히 함께 읽어볼게요.

2. 자음 + 모음 + 자음 글자 지도하기

고는 어떻게 읽을까요?

/고/라고 읽어요.

고에 받침 ㅇ을 놓아볼게요. 어떤 글자가 될까요?

공

이 글자는 어떻게 읽을까요?

/공/이라고 읽어요.

이번에는 이 글자에서 받침을 다른 걸로 바꾸어볼게요. 읽어보세요.

(곰, 곤, 골 등 다양한 받침으로 바꾸고 소리 내어 읽어본다.)

7. 한글 공부, 여러 글자로 된 낱말을 읽어요

한글은 다음절 낱말을 익히는 것이 어렵습니다. 반면 낱글자 익히기는 쉽지요. 한글 사용 설명서 격인 「훈민정음해례본」에서도 "한글은 아무리 우매한 자여도 열흘이면 깨우칠 수 있는 글자"라고 했습니다. 낱글자는 글자 소리만 알아도 읽을 수 있지만 낱말 안에서 음운 변화가 풍부한 다음절 낱말 읽기는 생각보다 훨씬 어렵습니다.

다음절 낱말 읽기는 유창하게 읽기를 위해 아이가 꼭 넘어야 할 첫 번째 고개입니다. 이때부터는 글을 많이 읽은 아이가 절대적으로 유리합니다. 책을 많이 읽어주고 평소에 다양한 주제로 이야기를 자주 나누는 게 좋습니다.

합성어 익히기

우리말에는 합성어가 많습니다. 낱글자 여러 개가 만나서 새로운 낱말을 만들어 낸다는 이치를 알면 아이들은 글을 읽을 때도 낱말을 조금 더 주의 깊게 살펴보게 되지요. 글자에 관심이 많은 아이라면 새로운 낱말이 만들어지는 이 원리를 몹시 신기해 합니다.

1. 우리말로 된 합성어 지도하기

김 + 밥 = 김밥 /김빱/

꽃 + 잎 = 꽃잎 /꼰닙/

김치 + 냉장고 = 김치냉장고 /김치냉장고/

책가방 = ?

2. 한자어로 된 합성어 지도하기

월요일 = 월 + 요일 /워료일/

화요일 = 화 + 요일 /화요일/

폭풍 = ?

3. 같은 말로 시작되는 합성어 지도하기

첫사랑 = 첫 + 사랑 /천싸랑/

첫눈 = 첫 + 눈 /천눈/

첫인상 = ?

4. 같은 말로 끝나는 합성어 지도하기

풀무질 = 풀무 + 질 /풀무질/

쟁이질 = 쟁이 + 질 /쟁이질/

낚시질 = ?

투명성 높은 낱말 읽기

토끼 /토끼/, 여우 /여우/

언어학자들은 '토끼'나 '여우'처럼 본문과 같은 글자로 그대로 소리가 나는 경우를 투명성이 높다고 말합니다. 투명성이 높으면 소리 변화가 없기 때문에 보이는 철자 그대로 읽기만 하면 됩니다. 일단 기본 철자만 배우면 읽는 것이 크게 어렵지 않습니다.

투명성이 높은 언어			투명성이 낮은 언어	
핀란드어	독일어	네달란드어	프랑스어	영어
	그리스어	스웨덴어	덴마크어	
	이태리어	포르투갈어		
	스페인어			
	노르웨이어			

철자-소리 대응 관계의 연속성(Seymour et al., 2003)

언어학자 김영숙은 『찬찬히 체계적·과학적으로 배우는 읽기&쓰기 교육』에서 필립 시모어(Philip Seymour)의 연구를 소개했습니다. 연구에 따르면 투명성이 가장 높은 언어는 핀란드어였고, 투명성이 가장 낮은 언어는 영어였습니다.

투명성이 높은 언어인 독일어권에서는 아이가 체계적으로 읽기를 배웠을 때 90% 이상이 1년 안에 낱말을 정확하게 읽는다고 합니다. 투명성이 낮은 언어인 영어는 이보다 2.5배 이상 시간이 걸려도 90% 이상 정확하게 읽기 어려웠다고 합니다.

독일어는 철자만 알면 읽을 수 있는 투명성이 높은 언어입니다. 독일어 a는 언제나 /a/로 소리 나고, b는 언제나 /be/로 납니다. 고등학교 때 독일어를 배운 적 있는 사람은 독일어 문장을 보면 무슨 뜻인지는 몰라도 읽기는 합니다.

영어는 그렇지 않습니다. apple, cake, banana 낱말에서 a 소리가 다 다르게 납니다. 수많은 단어를 읽고 외우고 써보면서 영어에 대한 언어 경험을 쌓아야만 비로소 처음 보는 낱말도 더듬거리면서 읽을 수 있습니다. 투명성이 낮은 언어이기 때문입니다.

학자들은 한글이 읽기는 비교적 투명하고, 쓰기는 투명성이 떨어진다고 봅니다. 읽는 것은 쉽게 배워도 정확하게 쓰는 것은 어렵다는 뜻입니다. 학교에 가서 글자를 배웠던 성연이는 읽기는 잘해도 쓰기는 어려워했습니다. 성연이뿐 아니라 대다수 한국 아이들이 비슷한 경험을 합니다. 읽는 것이 쓰는 것보다 쉽게 느껴지지요.

한글은 투명성 높은 단어와 그렇지 않은 단어가 섞여 있습니다. 투명성 높은 낱말로 읽기 자신감을 단단히 쌓은 다음 투명성이 높지 않은 낱말로 넘어가는 식으로 단계적으로 가르치는 게 좋습니다.

국어 교과서에 나오는 투명성이 높은 낱말

- 나, 너, 우리
- 엄마, 아빠, 오빠, 누나, 언니, 가족

- 자두, 딸기, 오이, 파, 양파, 대추

- 고양이, 강아지, 햄스터

- 선생님, 친구, 교실

투명성 낮은 문장 읽기

학교에서 밥을 먹고 집에 갔다.

/학교에서/ /바블/ /먹꼬/ /지베/ /갇따/

이 문장은 읽기 어렵습니다. 낱말에 모두 소리 변형이 있으니까요. 그렇지만 자주 쓰는 낱말로 된 이 문장을 틀리게 읽는 아이는 드뭅니다. 잘 읽으려면 자주 말하고 자주 듣는 언어 경험이 뒷받침돼야 한다는 것을 알 수 있습니다.

어릴 때 가정에서 책을 많이 읽어주지 않았거나 난독증을 겪는 아이라 해도 크고 정확한 발음으로 소리 내서 읽는 언어 경험이 많아지면 읽기도 점점 나아집니다. 소리 내서 최대한 많이 읽어주고, 함께 책을 읽는 경험을 쌓는 게 중요합니다.

| 미주 |

1) https://wikyung.com/news/article?news=2829 갈수록 줄어드는 성인 독서량…"일하느라 읽을 시간 없다" 2024.04.18. 위즈경제

2) https://n.news.naver.com/mnews/article/023/0003878006 한국 성인 문해력은 OECD 평균에 미달한다. 2024.12.23. 조선일보

3) 한국학습장애학회(김윤옥, 변찬석, 강옥려, 우정한 등)에서 개발한 난독증 특성 체크리스트입니다. 원점수 38이하는 난독증 부적합, 39~42는 난독증 저위험 의심, 43~57은 난독증 고위험 의심, 58이상은 난독증 적합으로 봅니다. 전문가들이 보는 난독증이 어떤 특성이 있는지 살펴보는 자료로 참고하시면 좋겠습니다.

4) 『찬찬히 체계적·과학적으로 배우는 읽기&쓰기 교육』(김영숙, 2017, 학지사)

5) 『뇌가 좋은 아이』(KBS 읽기혁명 제작팀, 신성욱, 2010, 마더북스)

6) 『1만 시간의 재발견』(안데르스 에릭슨·로버트 풀, 2016, 비즈니스북스)

7) 『어떻게 읽을 것인가』(고영성, 2015, 스마트북스)

8) 『책을 읽으면 왜 뇌가 좋아질까? 또 성적도 좋아질까?』(한상무, 2017, 푸른사상)

9) 『책 읽는 뇌』(매리언 울프, 2009, 살림)

10) 『북 러버스 다이어리』(타커스 편집팀, 2016, 타커스)

11) 『CEO 아빠의 부모수업』(김준희, 2016, 나무를심는사람들)

12) 『부모공부』(고영성, 2016, 스마트북스)

13) 『아웃라이어』(말콤 글래드웰, 2009, 김영사)

14) 『책을 읽으면 왜 뇌가 좋아질까? 또 성적도 좋아질까?』(한상무, 2017, 푸른사상)

15) "글자, 언제 배워야 효과적일까?"(EBS, 2015. 01. 15자 기사)

16) 「초등학교 1학년 한글 교육 실태 조사」(사교육걱정없는세상, 2022)

17) 『독서교육, 어떻게 할까?』(김은하, 2014, 학교도서관저널)

18) 「2022 개정 국어 교과서 한글 교육의 수업 적용에 대한 교사 인식과 개선 방향 탐색」(『한국초등국어교육』, 제81호)

19) 「10명 중 7명이 영유아 시기에 사교육 시작, 10명중 5명은 3개 이상 사교육 '뺑뺑이': 영유아 사교육비 실태 설문조사 결과」(사교육걱정없는세상, 2023. 7. 10자)

20) "The Role of Instruction in Learning To Read: Preventing Reading Failure in At-Risk Children." *Journal of Educational Psychology*, vol.90 no.1(Foorman, Barbara et al., 1998)

21) 「읽기 부진 아동과 읽기 우수 아동의 단어 재인」(김명희, 2003, 단국대학교 교육대학원 석사논문)

22) 「균형 있는 읽기 지도를 통한 초등학교 읽기 지도 방법 연구」(조연주, 2008, 서울교육대학교 교육대학원 석사논문)

23) 『찬찬히 체계적·과학적으로 배우는 읽기&쓰기 교육』(김영숙, 2017, 학지사)

24) *Meaningful Differences in the Everyday Experience of Young American Children*(Betty Hart & Todd Risely, 1995, Paul H. Brookes Publishing Co.)

25) 『독서교육, 어떻게 할까?』(김은하, 2014, 학교도서관저널)

26) 「학습만화를 활용한 효율적인 독서지도 방안」, 『한국문헌정보학회지』 43권 1호(최영임, 한복희, 2009, 한국문헌정보학회)

27) 『세계 명문가의 독서교육』(최효찬, 2010, 바다출판사)

28) "안 읽더라도 집에 책 쌓아놓아야 하는 이유"(신현호, 『한겨레』, 2018. 11. 17자 칼럼)

29) 『찬찬히 체계적·과학적으로 배우는 읽기&쓰기 교육』(김영숙, 2017, 학지사)

30) 「동화의 반복 들려주기가 유아의 이야기 구성 능력에 미치는 효과」, 『열린유아교육연구』 8권 4호(손혜숙, 2004, 열린유아교육학회)

31) 『찬찬히 체계적·과학적으로 배우는 읽기&쓰기 교육』(김영숙, 2017, 학지사)

32) 『글쓰기 원리 탐구』(최명환, 2011, 지식산업사)

33) 『초등학교 1학년 1학기 국어과 교사용 지도서』(교육부, 2018)

34) 『찬찬히 체계적·과학적으로 배우는 읽기&쓰기 교육』(김영숙, 2017, 학지사)

피그말리온 028

아이의 읽기 연습

개정 1판 1쇄 인쇄 2026년 4월 8일
개정 1판 1쇄 발행 2026년 4월 22일

지은이 김성효
펴낸이 김영곤
펴낸곳 (주)북이십일 21세기북스

TF팀 팀장 김종민
기획편집 신지예 **마케팅** 정성은 김지선
편집 꿈틀 이정아 **디자인** design S
마케팅영업부문 정지은 **영업** 김지윤 강경남 김도연
e-커머스 장철용 명인수 황성진
제작팀 이영민 권경민

출판등록 2000년 5월 6일 제406-2003-061호
주소 (10881) 경기도 파주시 회동길 201(문발동)
대표전화 031-955-2100 **팩스** 031-955-2151 **이메일** book21@book21.co.kr

© 김성효, 2026

ISBN 979-11-7357-951-6 03590

(주)북이십일 경계를 허무는 콘텐츠 리더

21세기북스 채널에서 도서 정보와 다양한 영상자료, 이벤트를 만나세요!
페이스북 facebook.com/21cbooks **포스트** post.naver.com/21c_editors
인스타그램 instagram.com/jiinpill21 **홈페이지** www.book21.com
유튜브 youtube.com/book21pub

PYGMALION

‘피그말리온’은 국내외 최신 교육 지식과 본질적
방법론을 엄선하여 부모를 위한 지혜와 아이의
미래를 내다보는 인사이트를 제공합니다.

- 천 번을 흔들리며 아이는 어른이 됩니다
- 스스로 결정하는 아이
- 세상에서 가장 쉬운 본질육아
- 공부가 아이의 길이 되려면
- 0~3세 기적의 뇌과학 육아
- 메타인지 학습법
- 임포스터
- 딸은 세상의 중심으로 키워라
- 작은 소리로 아들을 위대하게 키우는 법
- 육아 효능감을 높이는 과학 육아 57

- 이런 공부법은 처음이야
- 이런 진로는 처음이야
- 14살의 말 공부
- 이서윤의 초등생활 처방전 365
- 7~9세 독립보다 중요한 것은 없습니다
- 어린이 첫 사회성 사전
- 엄마의 말·잘·법
- 아이의 말 연습
- 아이의 읽기 연습
- 아이의 쓰기 연습